全国中等职业技术学校电子类专业

机械识图与电气制图（第五版）习题册

中国劳动社会保障出版社

图书在版编目(CIP)数据

机械识图与电气制图（第五版）习题册 / 王希波主编. —北京：中国劳动社会保障出版社，2017
全国中等职业技术学校电子类专业
ISBN 978-7-5167-3041-6

Ⅰ. ①机… Ⅱ. ①王… Ⅲ. ①机械图 - 识图 - 中等专业学校 - 习题集②电气制图 - 中等专业学校 - 习题集 Ⅳ. ①TH126.1-44 ②TM02-44

中国版本图书馆 CIP 数据核字（2017）第 174447 号

中国劳动社会保障出版社出版发行

（北京市惠新东街 1 号　邮政编码：100029）

*

三河市潮河印业有限公司印刷装订　　新华书店经销

787 毫米 ×1092 毫米　16 开本　9.25 印张　218 千字

2017 年 7 月第 1 版　　2025 年 6 月第 14 次印刷

定价：17.00 元

营销中心电话：400-606-6496

出版社网址：http://www.class.com.cn

http://jg.class.com.cn

目　录

第一章　制图基本知识

§1—1　制图基本规定

1—1—1　在右侧按照 1∶1 的比例抄绘左侧的图线和图形

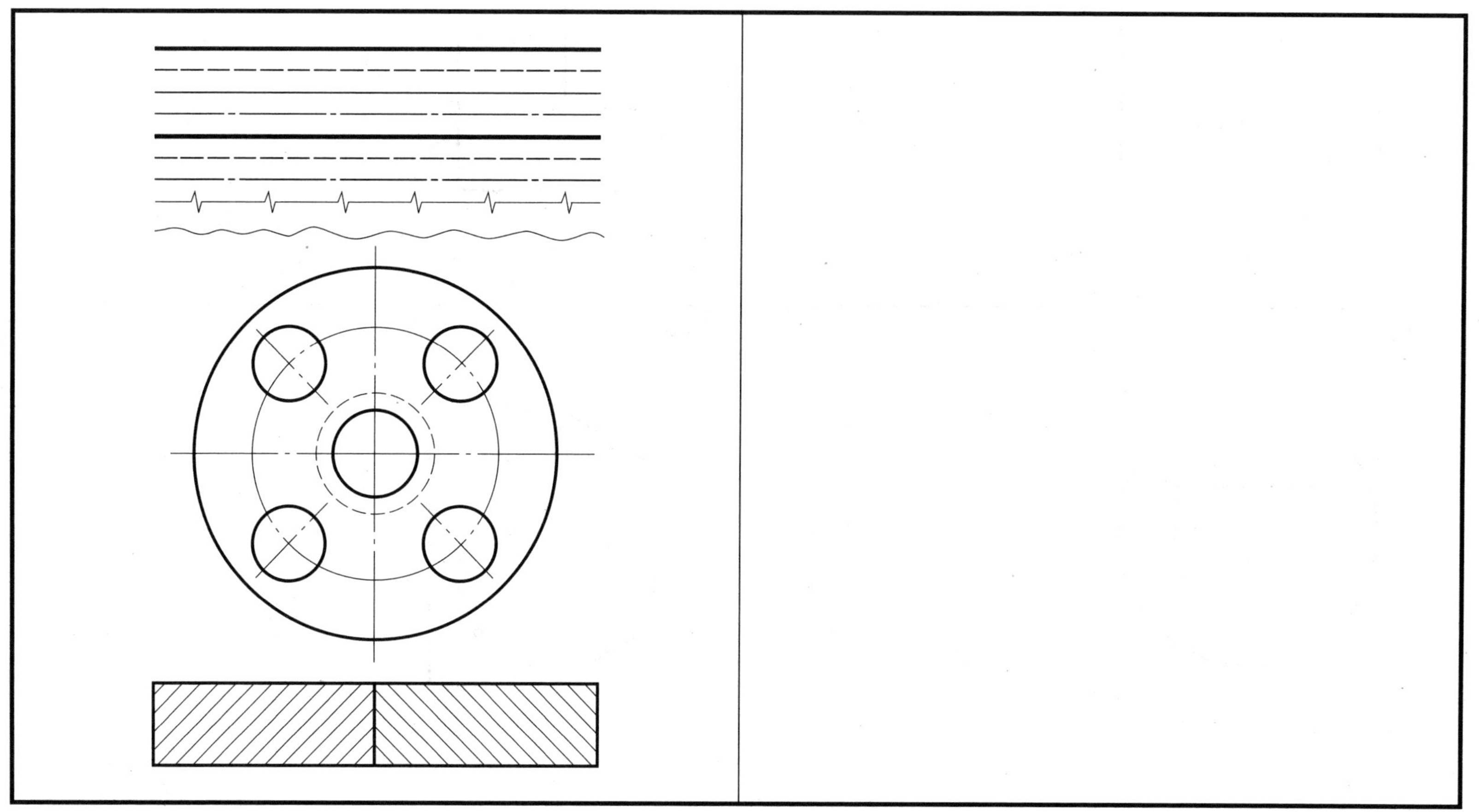

1—1—2　在右侧按照 1∶1 的比例抄绘平面图形

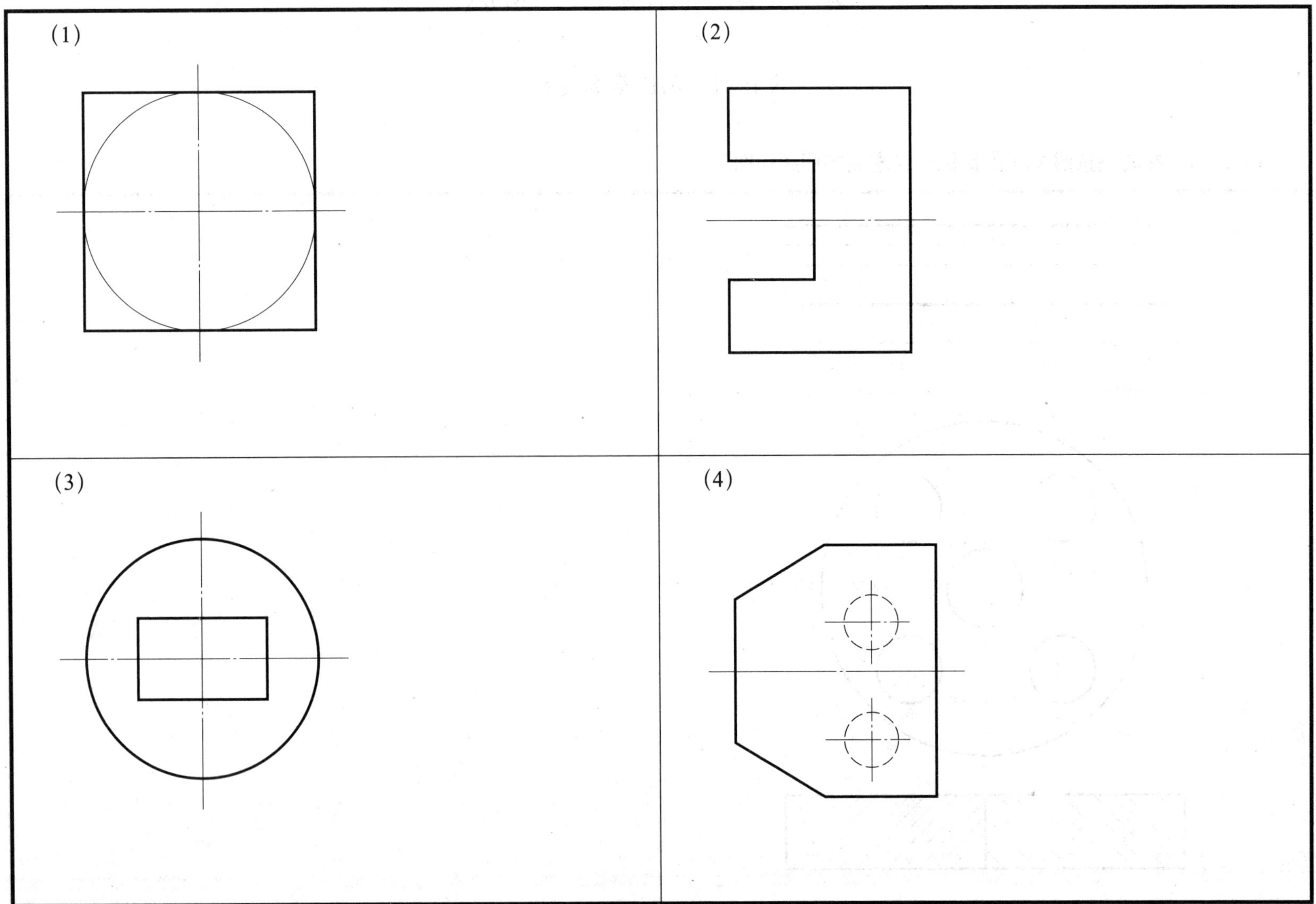

§1—2 尺 寸 标 注

1—2—1　标注尺寸（尺寸从图中量取，取整数）

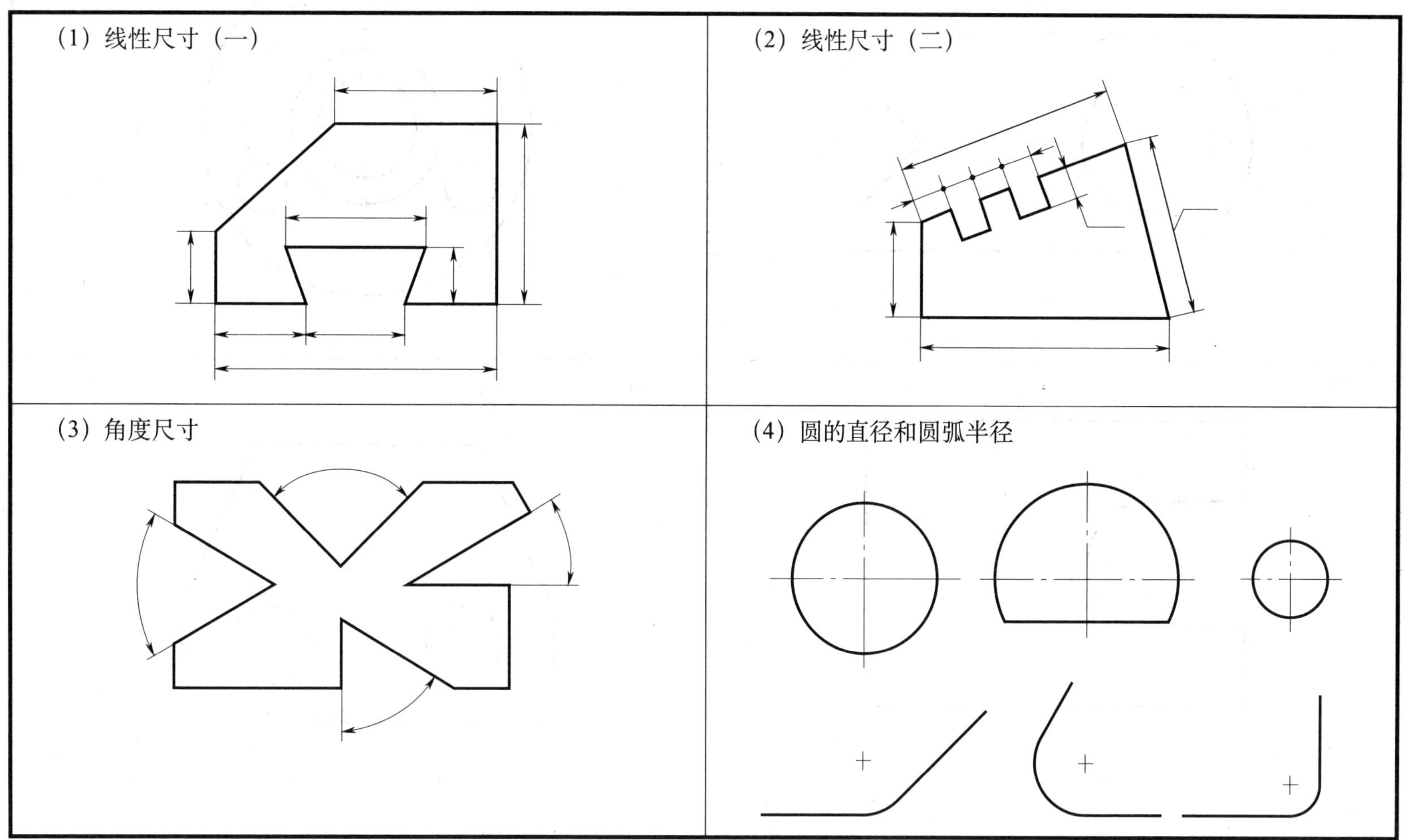

1—2—2　标注尺寸（尺寸从图中量取，取整数）

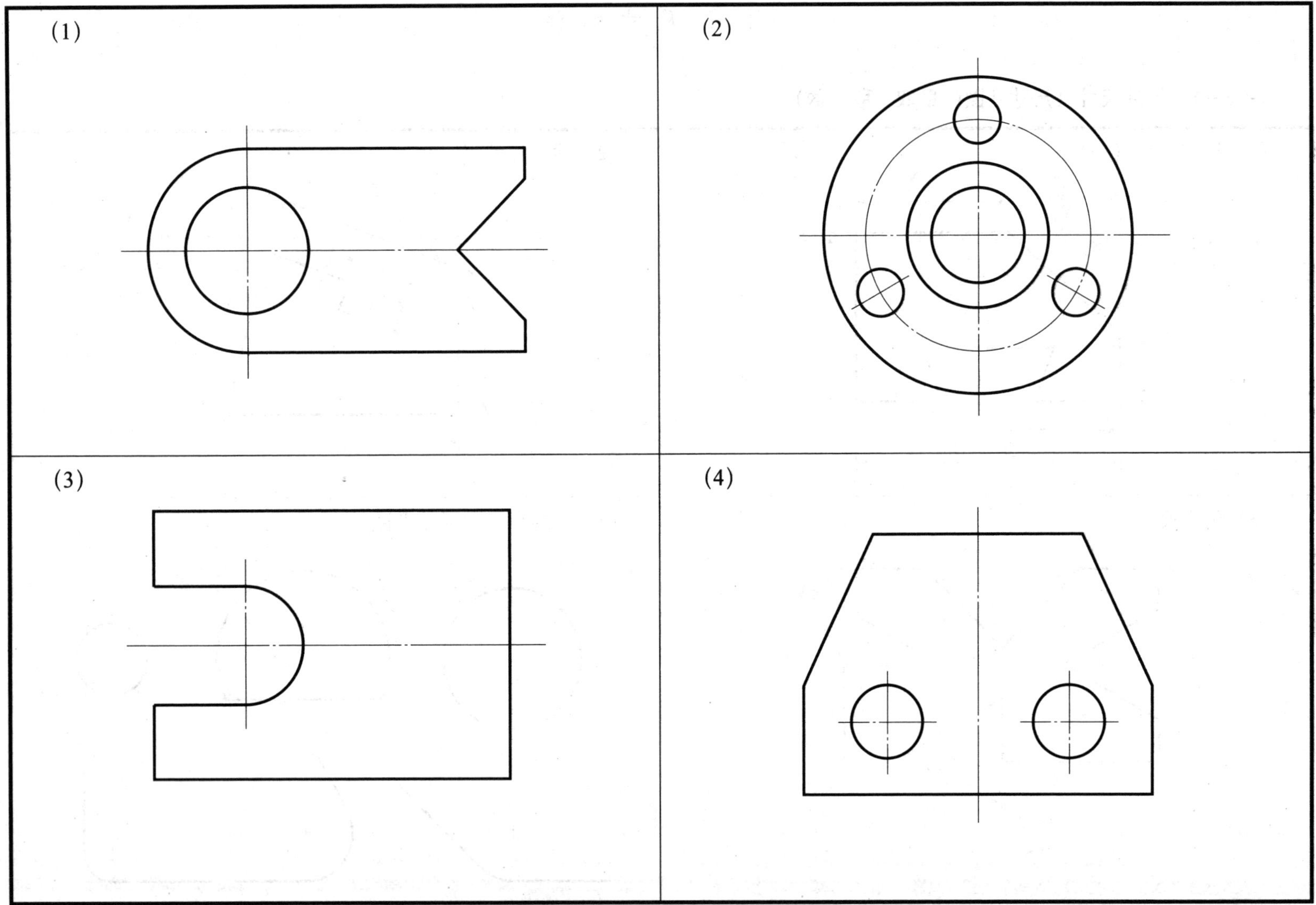

1—2—3　在图形上标注尺寸（尺寸从图中量取，取整数）

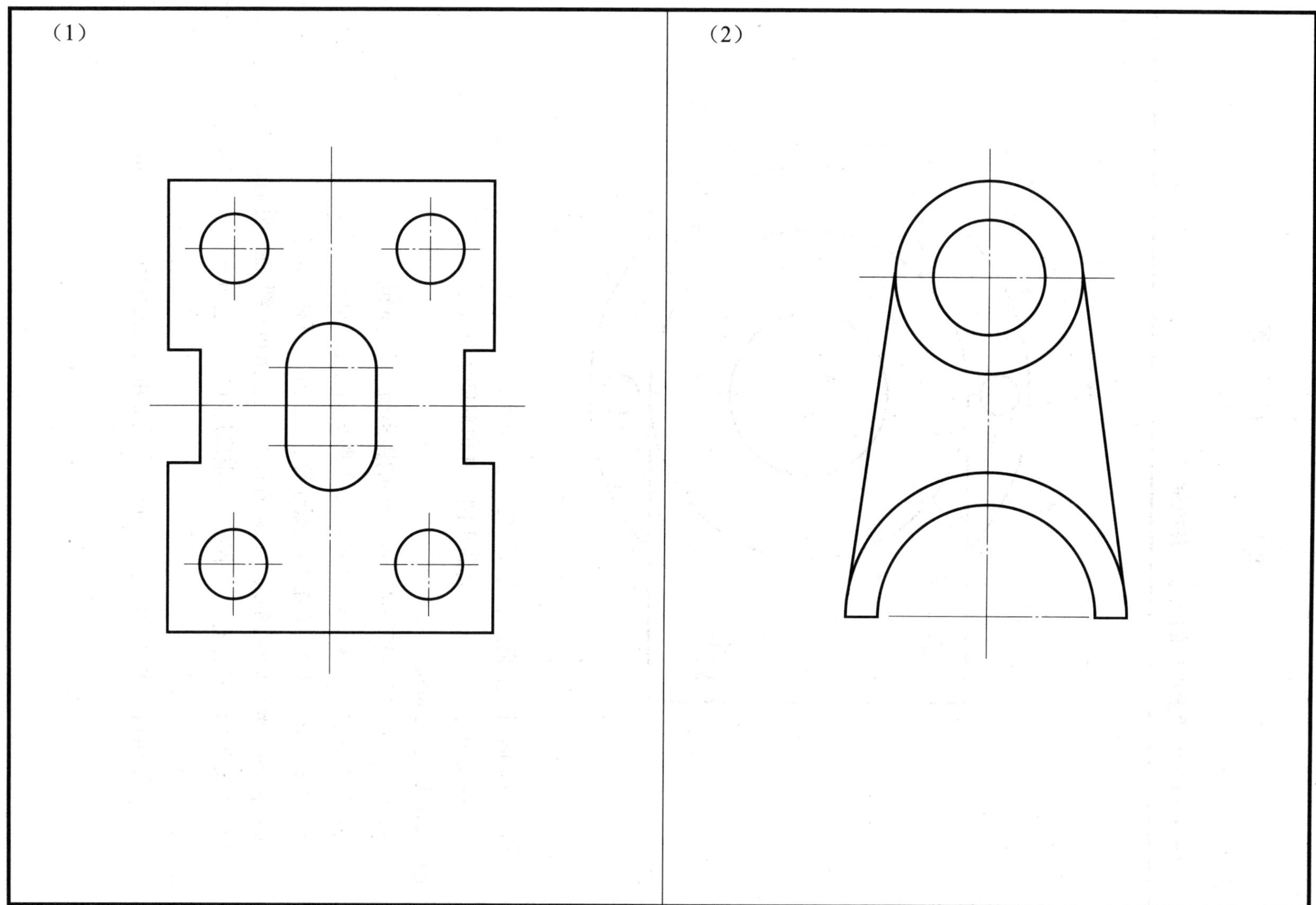

§1—3 尺规绘图

1—3—1 识读图形中的尺寸，并填空

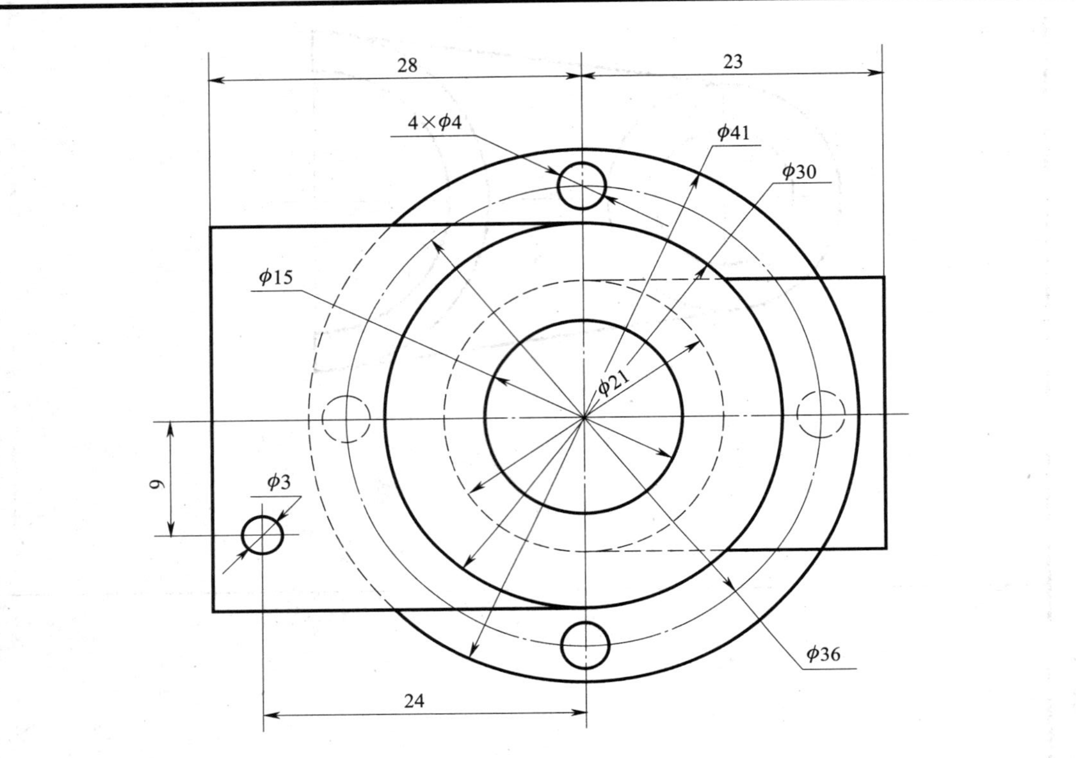

（1）该平面图形上最大圆的直径为______mm。

（2）在图中有 4 个直径相同的小圆，其定形尺寸为________________________mm，定位尺寸为______mm。

（3）图形左端轮廓线到 ϕ41 mm 圆心的距离为______mm。

（4）图形右端轮廓线到 ϕ41 mm 圆心的距离为______mm。

（5）和 ϕ41 mm 圆同心的粗实线圆还有______个，直径分别为________________mm。

（6）和 ϕ41 mm 圆同心的细虚线圆直径为______mm，细点画线圆直径为______mm。

（7）在图形的左下方有一个小圆，其定形尺寸为______mm，定位尺寸为______mm 和______mm。

（8）左端竖粗实线的长为______mm，右端竖粗实线的长为______mm。

1—3—2　按照左上方图形和尺寸，选择合适的比例绘制图形，并标注尺寸

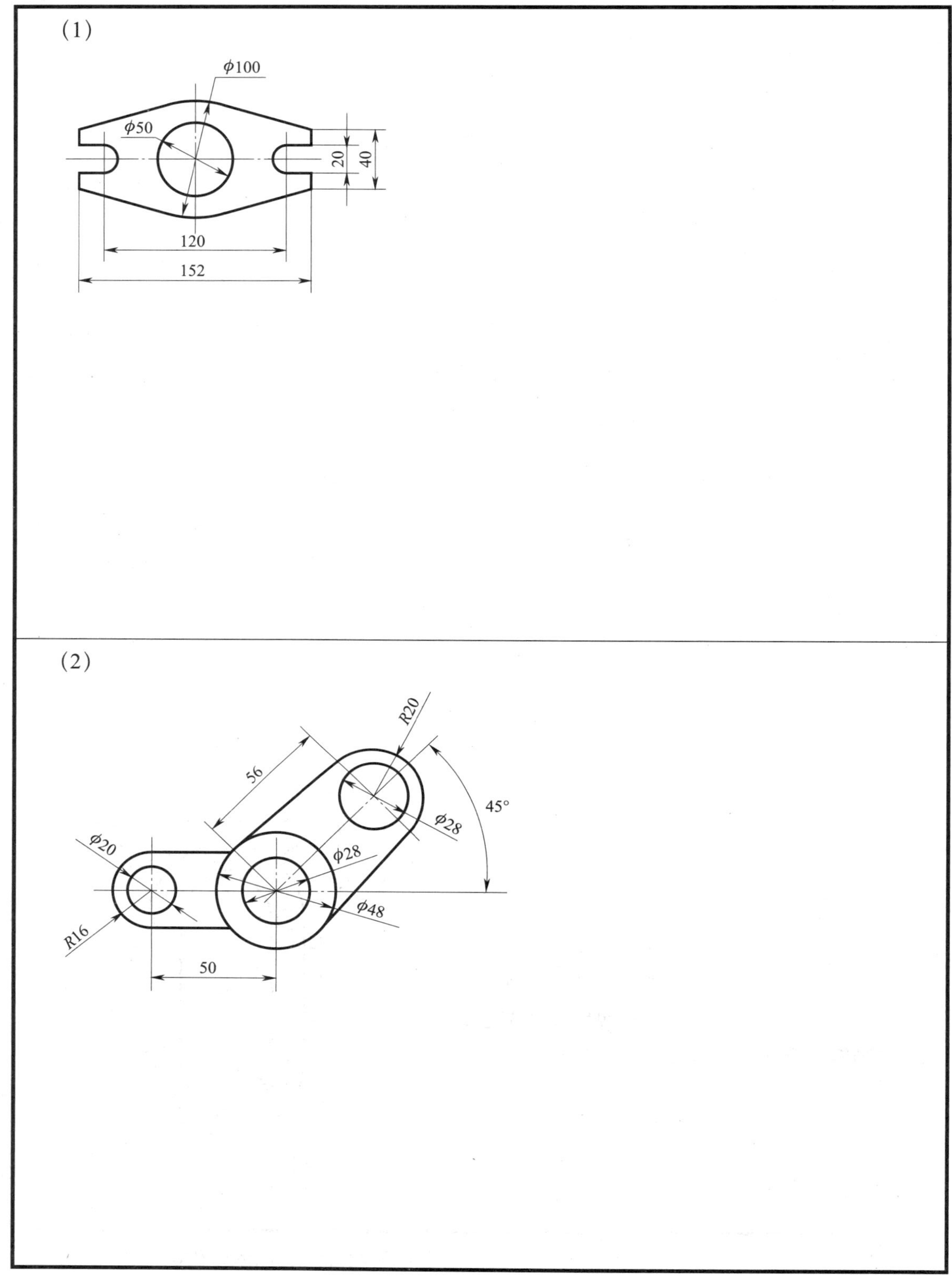

1—3—3　绘制平面图形，并标注尺寸

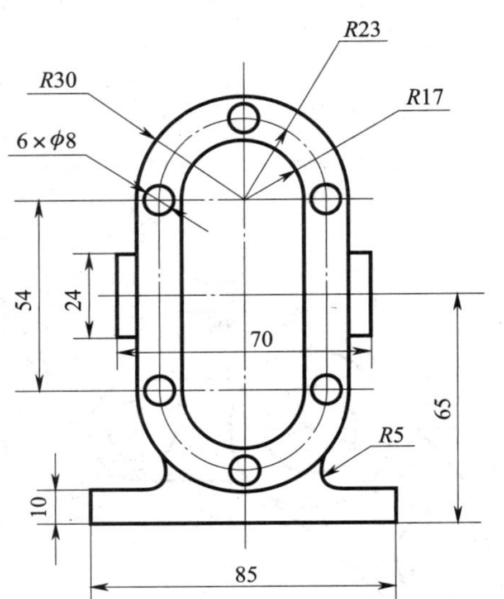

绘制要求：选用适当型号的图纸，选取合适的比例，绘制标题栏，也可在习题册上完成。

第二章　投影与制图基础

§2—1　投影与三视图

2—1—1　根据立体图补全三视图

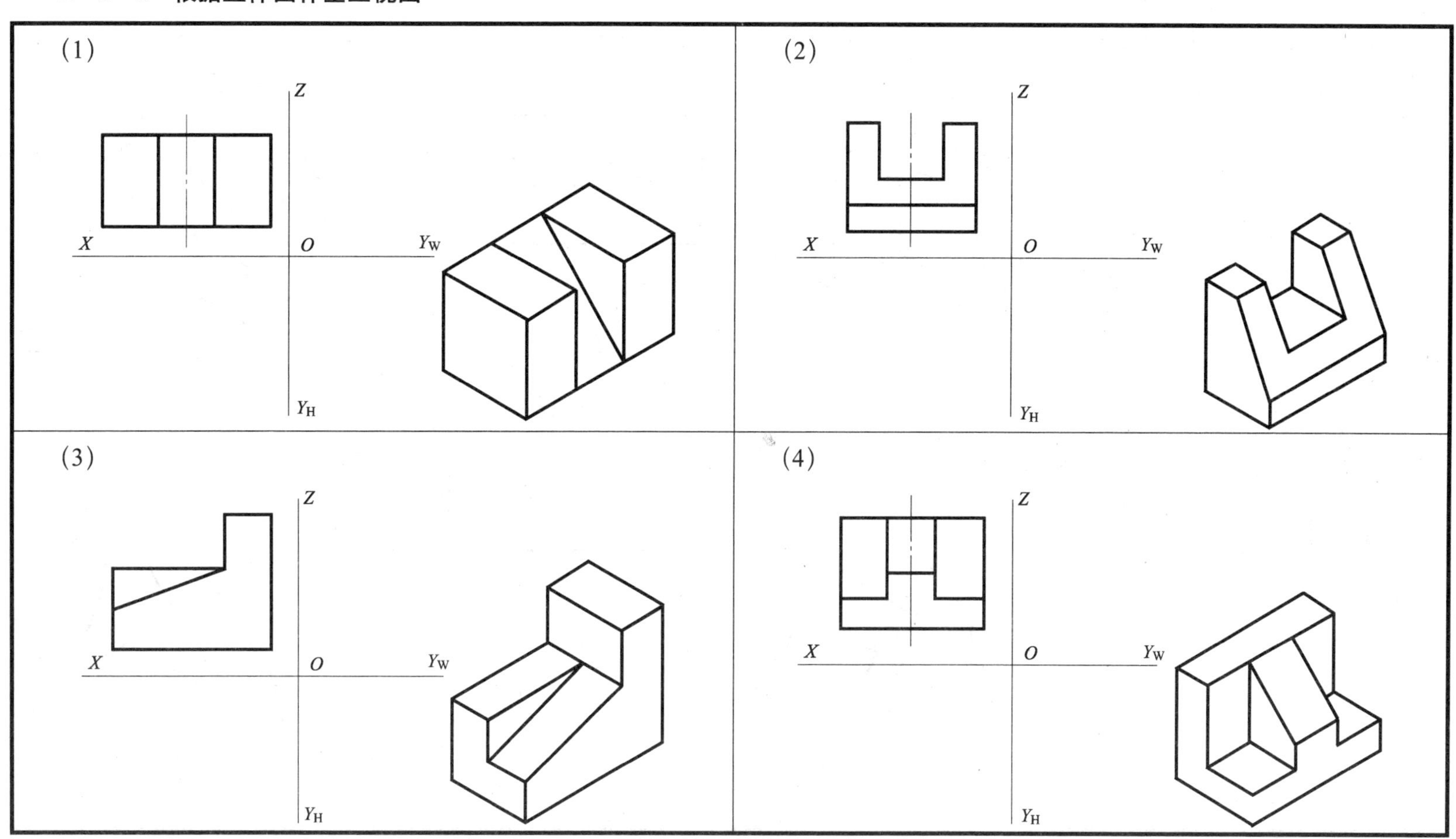

2—1—2　参照立体图，根据两视图补画第三视图

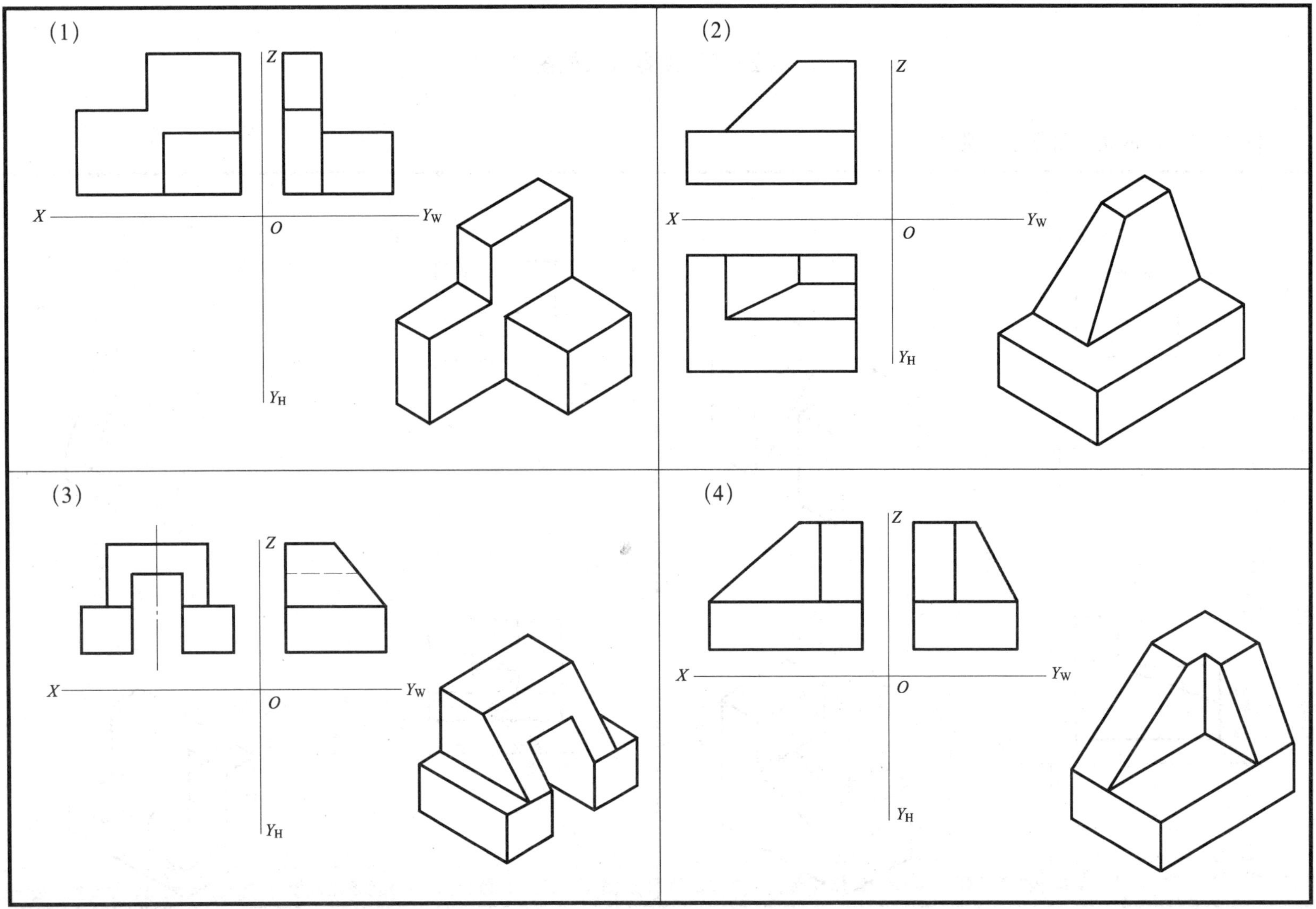

2—1—3　根据两视图补画第三视图

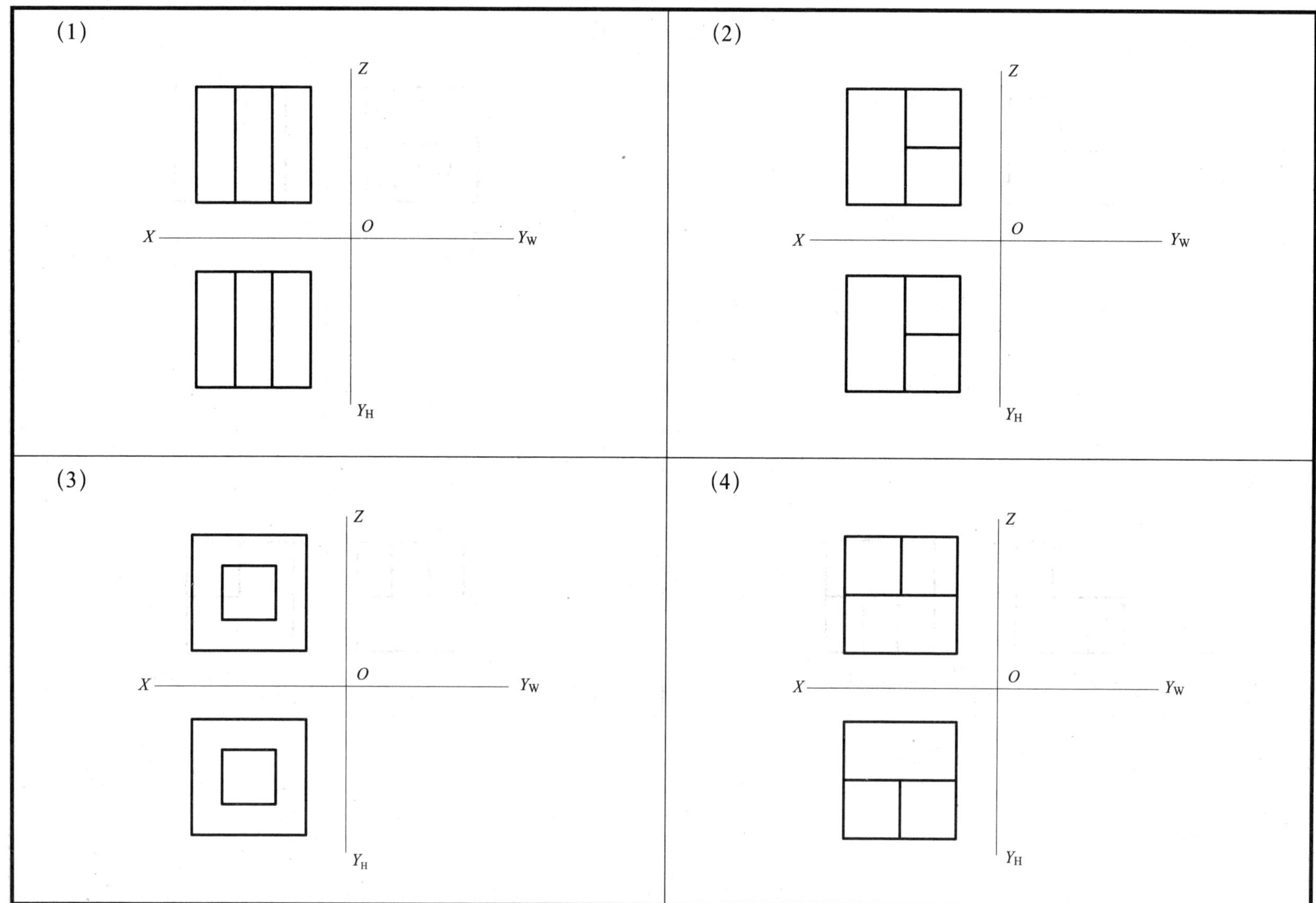

2—1—4　根据两视图补画第三视图

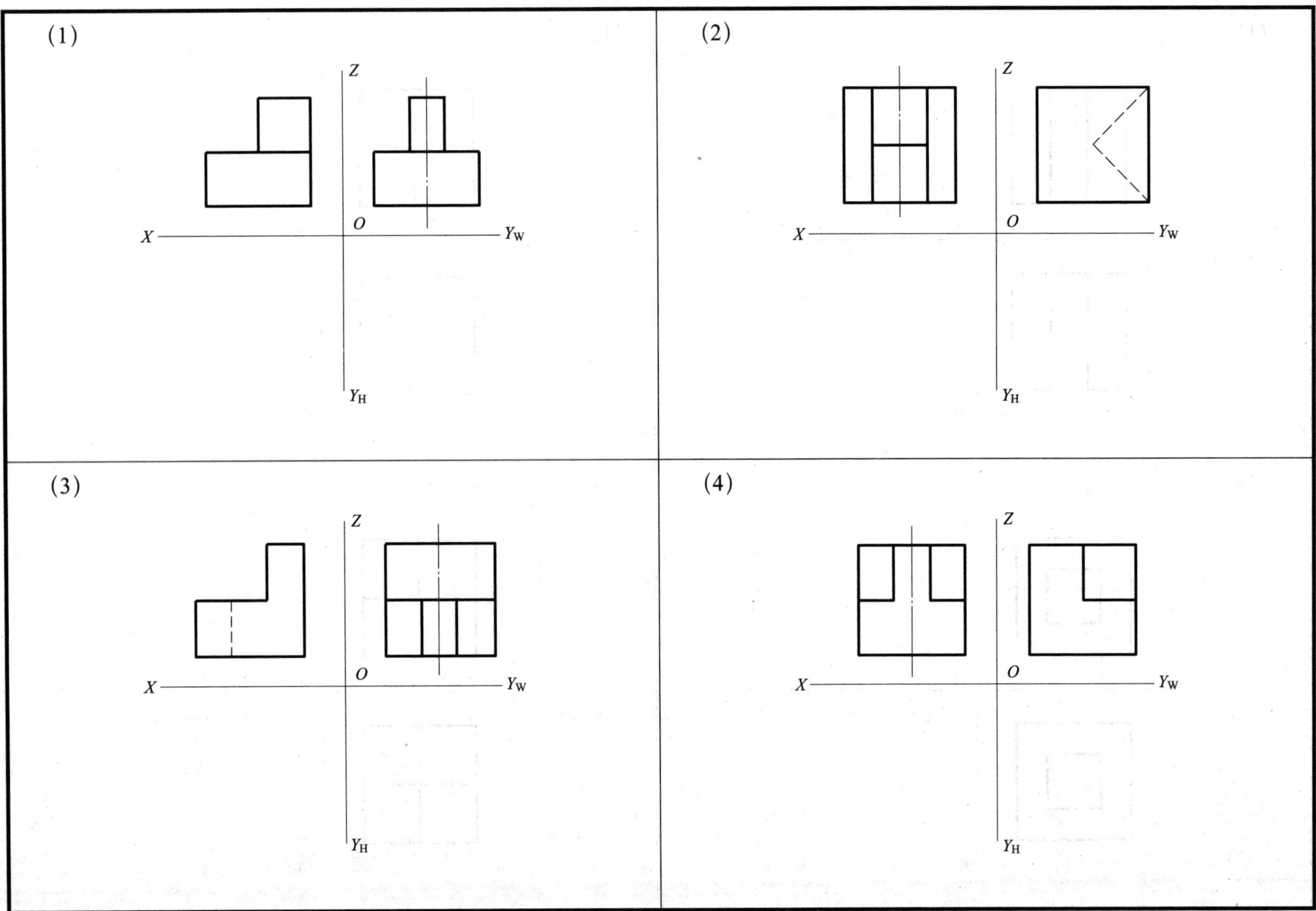

2—1—5　根据两视图补画第三视图

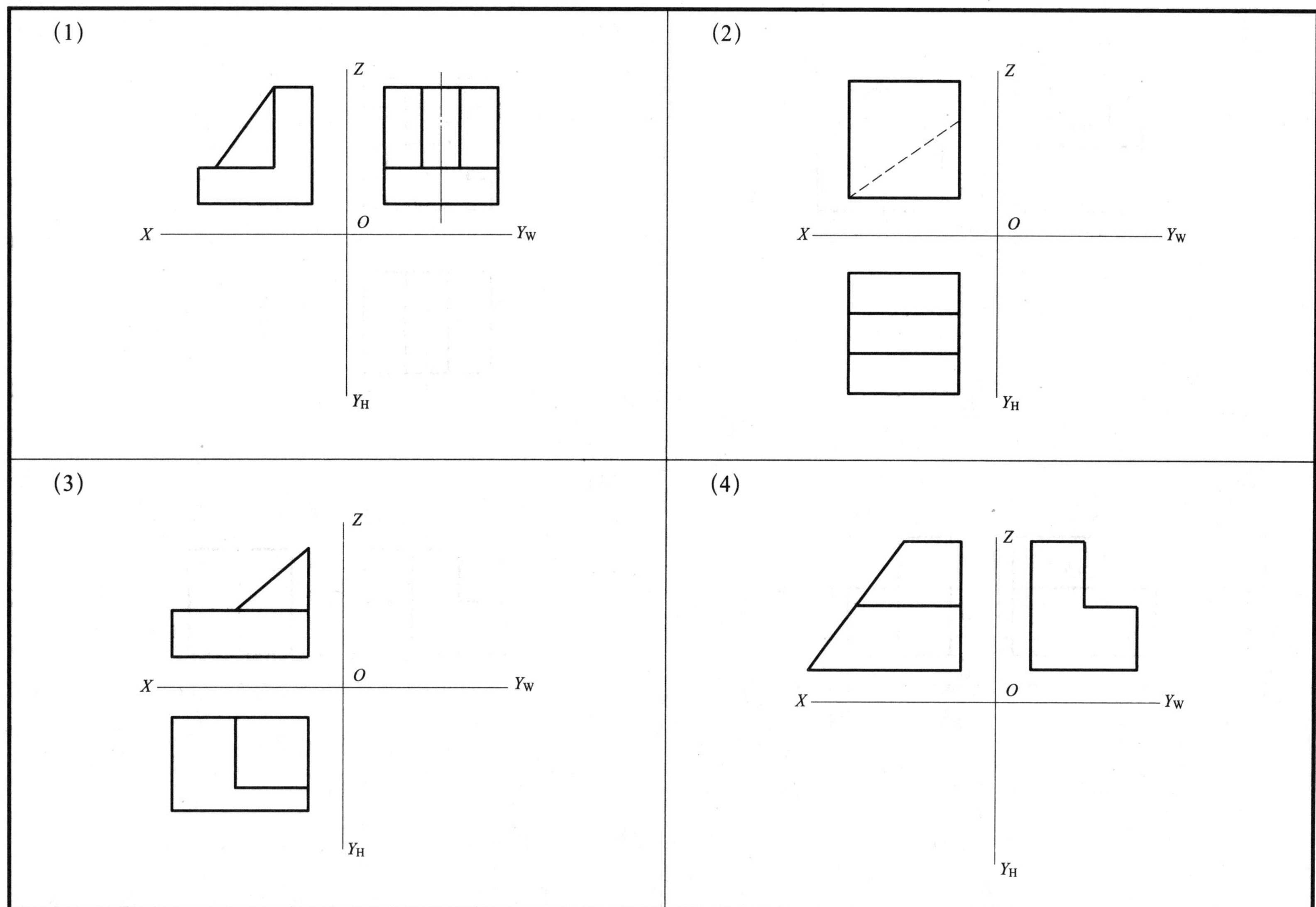

2—1—6　根据两视图补画第三视图

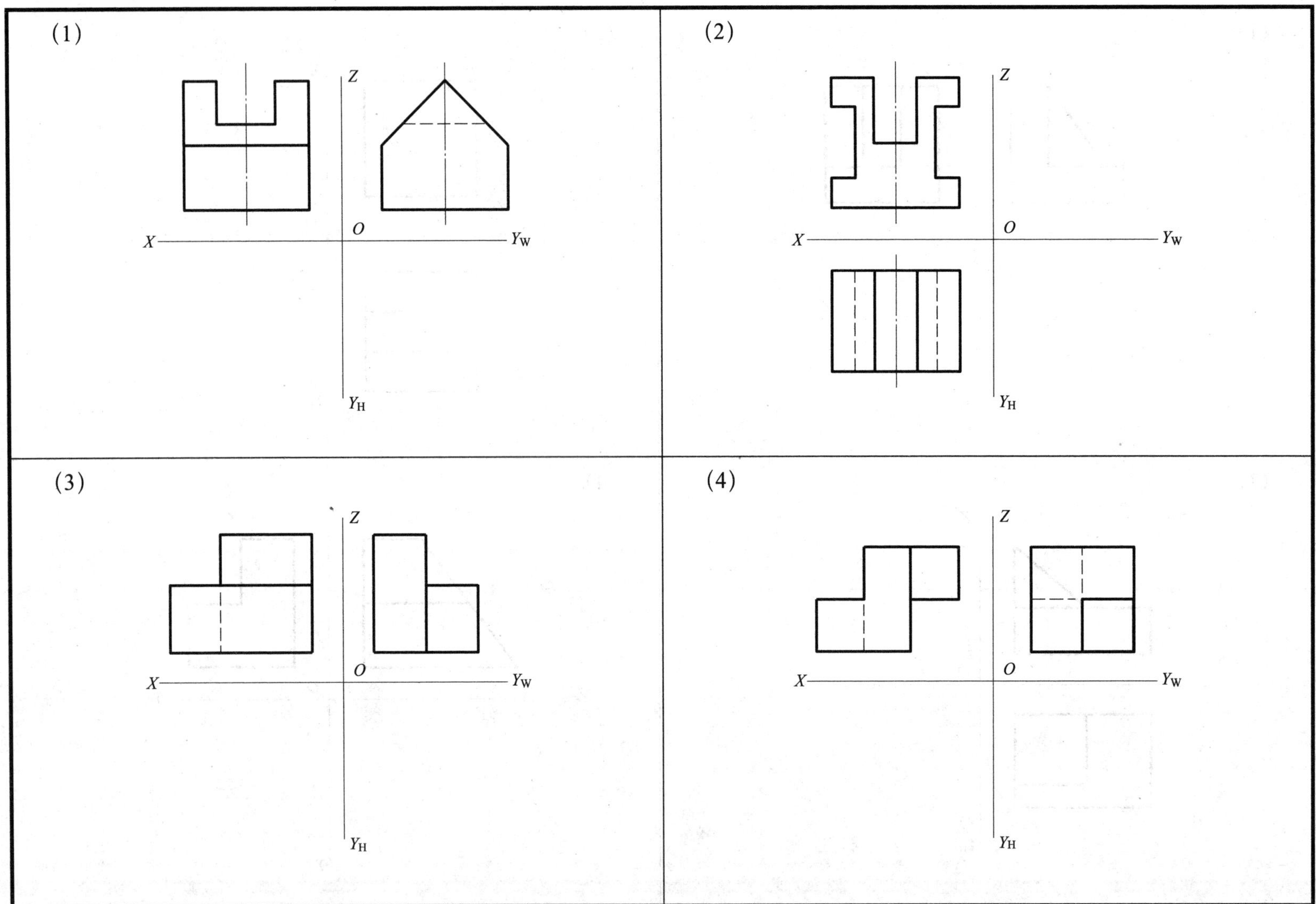

§2—2　点、直线和平面的投影

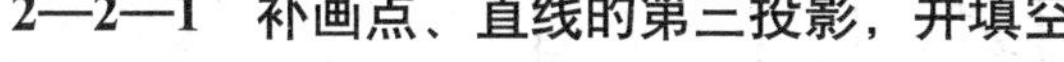

2—2—1　补画点、直线的第三投影，并填空

(1) 根据点的两面投影求作第三投影

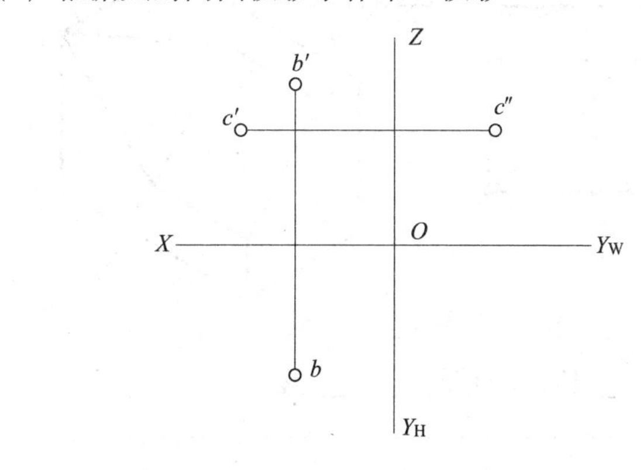

(2) 补画直线的第三投影，并填空

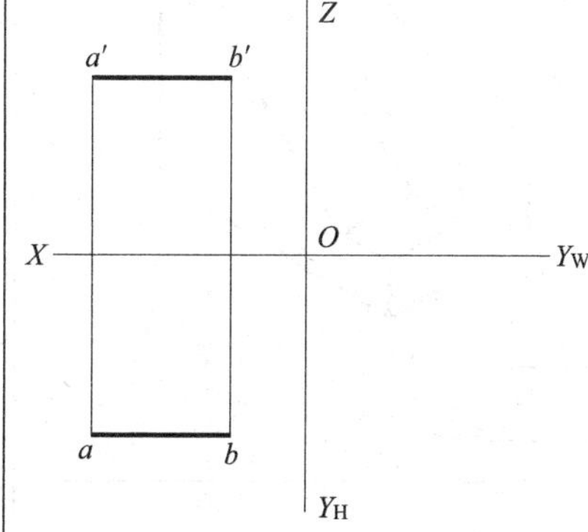

1）直线 *AB* 与三投影面的位置关系是：与正投影面________，与水平投影面________，与侧投影面________。

2）判断直线 *AB* 的种类：直线 *AB* 为________线。

3）反映实长的投影是________。

(3) 补画直线的第三投影，并填空

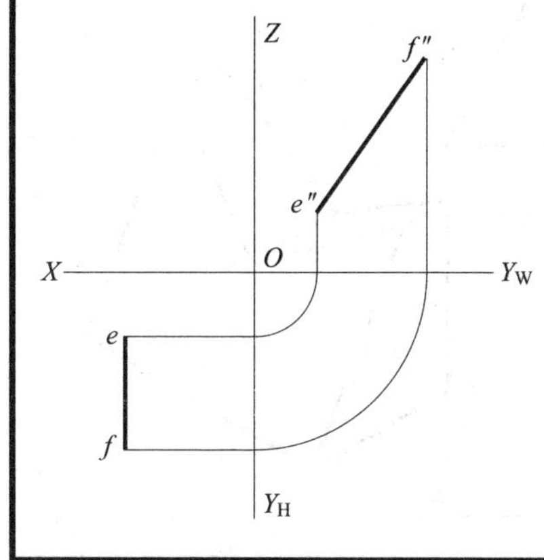

1）直线 *EF* 与三投影面的位置关系是：与正投影面________，与水平投影面________，与侧投影面________。

2）判断直线 *EF* 的种类：直线 *EF* 为________线。

3）反映实长的投影是________。

(4) 补画直线的第三投影，并填空

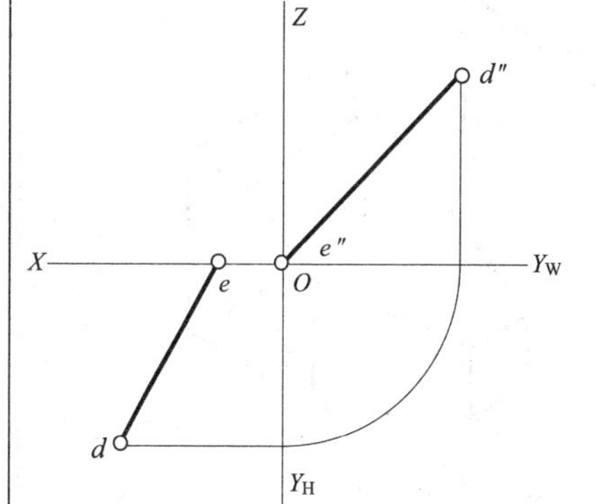

1）直线 *DE* 与三投影面的位置关系是：与正投影面________，与水平投影面________，与侧投影面________。

2）判断直线 *DE* 的种类：直线 *DE* 为________线。

3）是否有反映实长的投影：________。

2—2—2　在三视图上画出标注字母的棱线的未知投影，并填空

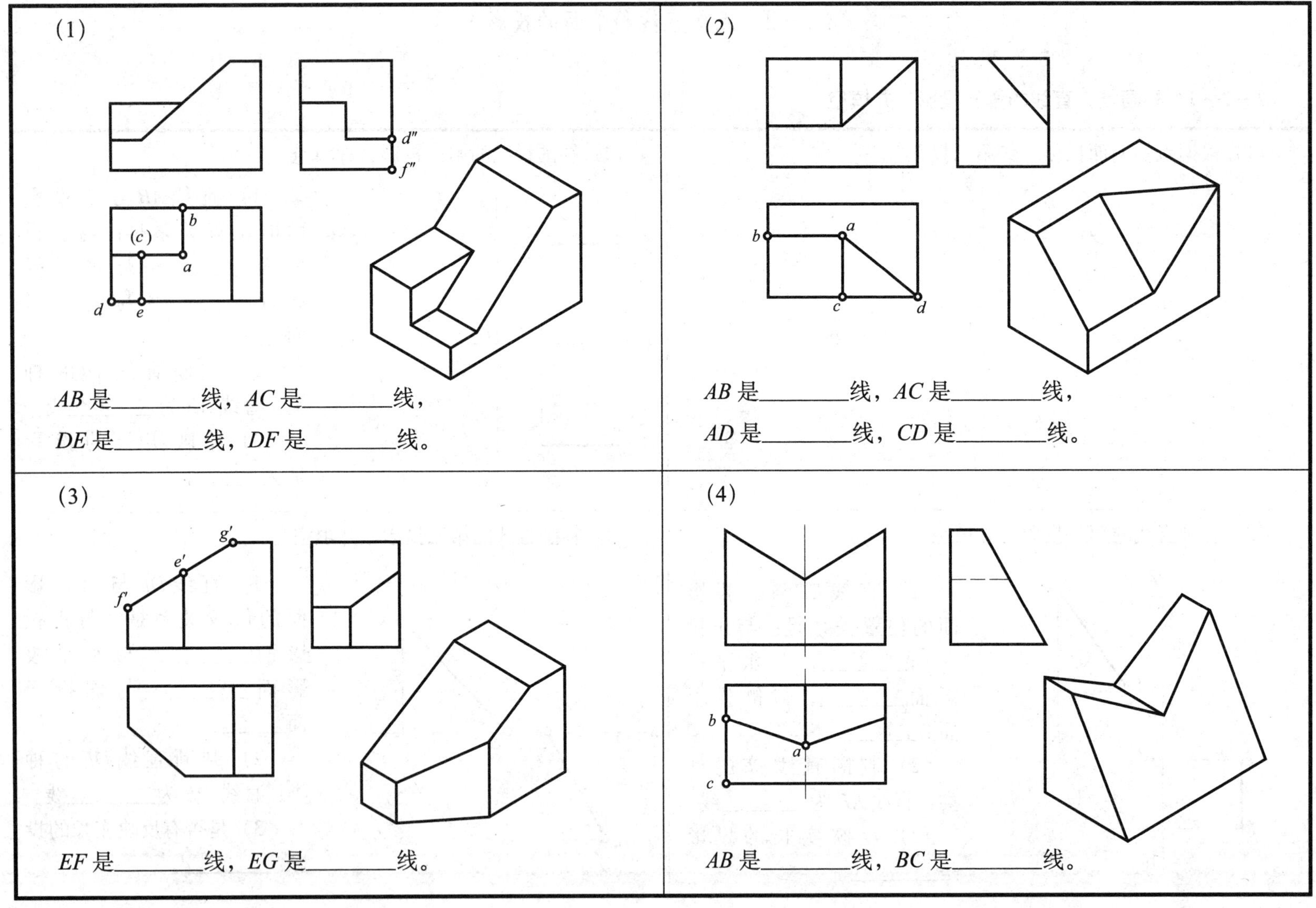

(1) *AB* 是________线，*AC* 是________线，*DE* 是________线，*DF* 是________线。

(2) *AB* 是________线，*AC* 是________线，*AD* 是________线，*CD* 是________线。

(3) *EF* 是________线，*EG* 是________线。

(4) *AB* 是________线，*BC* 是________线。

2—2—3　补画平面的第三投影，并填空

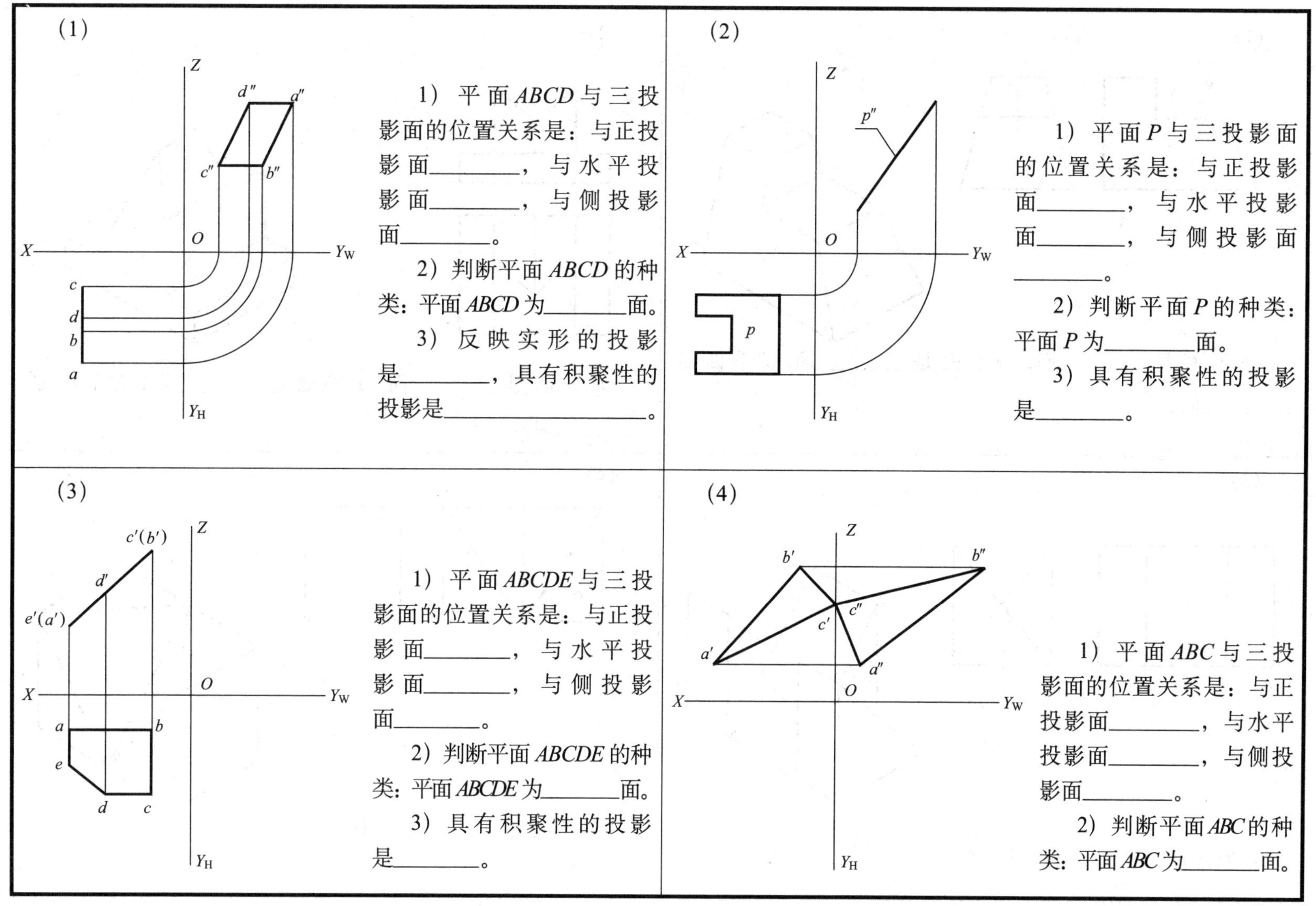

2—2—4　补画第三视图，求出标注字母的平面的未知投影，并填空

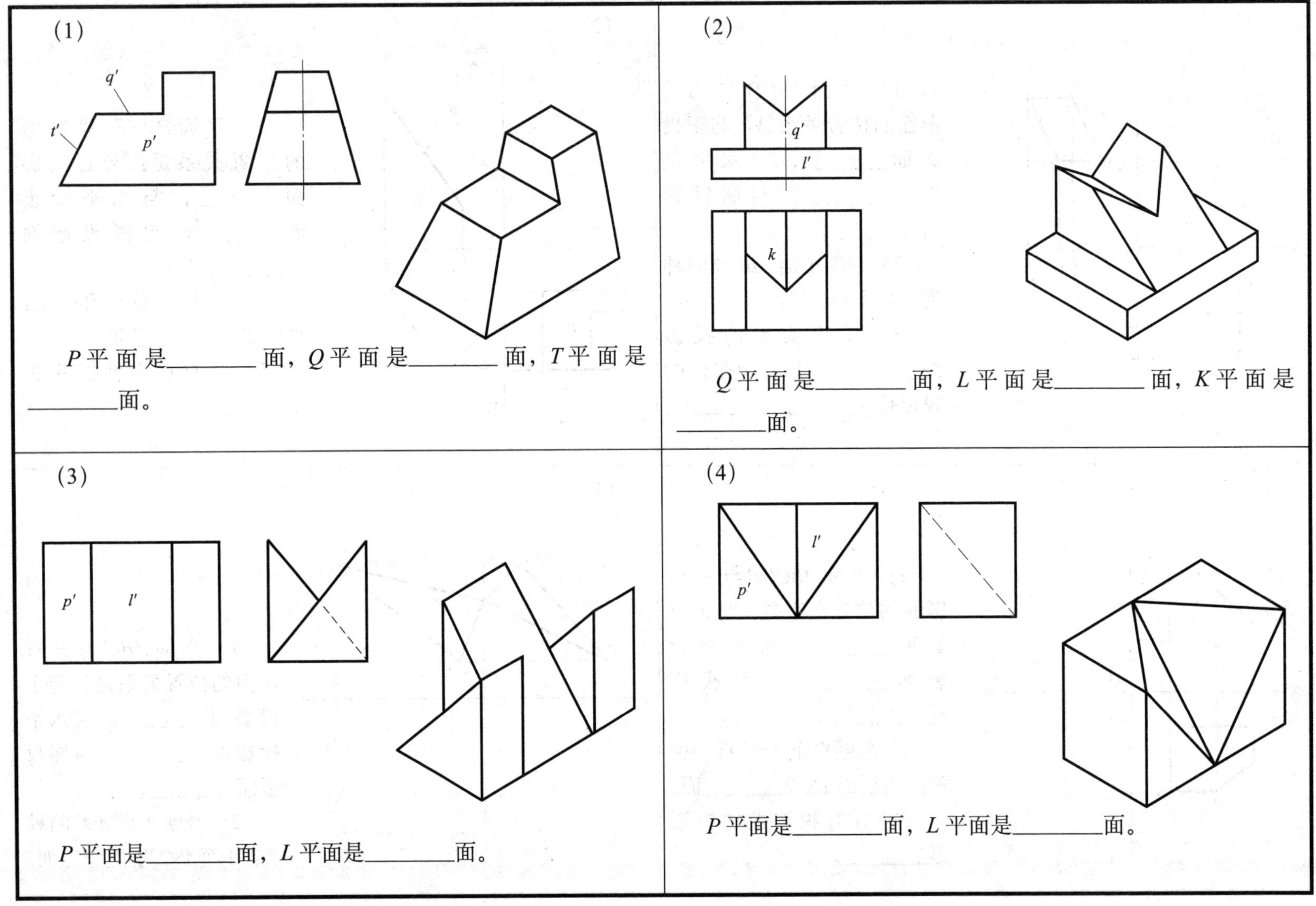

(1) P 平面是________面，Q 平面是________面，T 平面是________面。

(2) Q 平面是________面，L 平面是________面，K 平面是________面。

(3) P 平面是________面，L 平面是________面。

(4) P 平面是________面，L 平面是________面。

§2—3 基本几何体的三视图

2—3—1 根据基本几何体的两视图补画第三视图

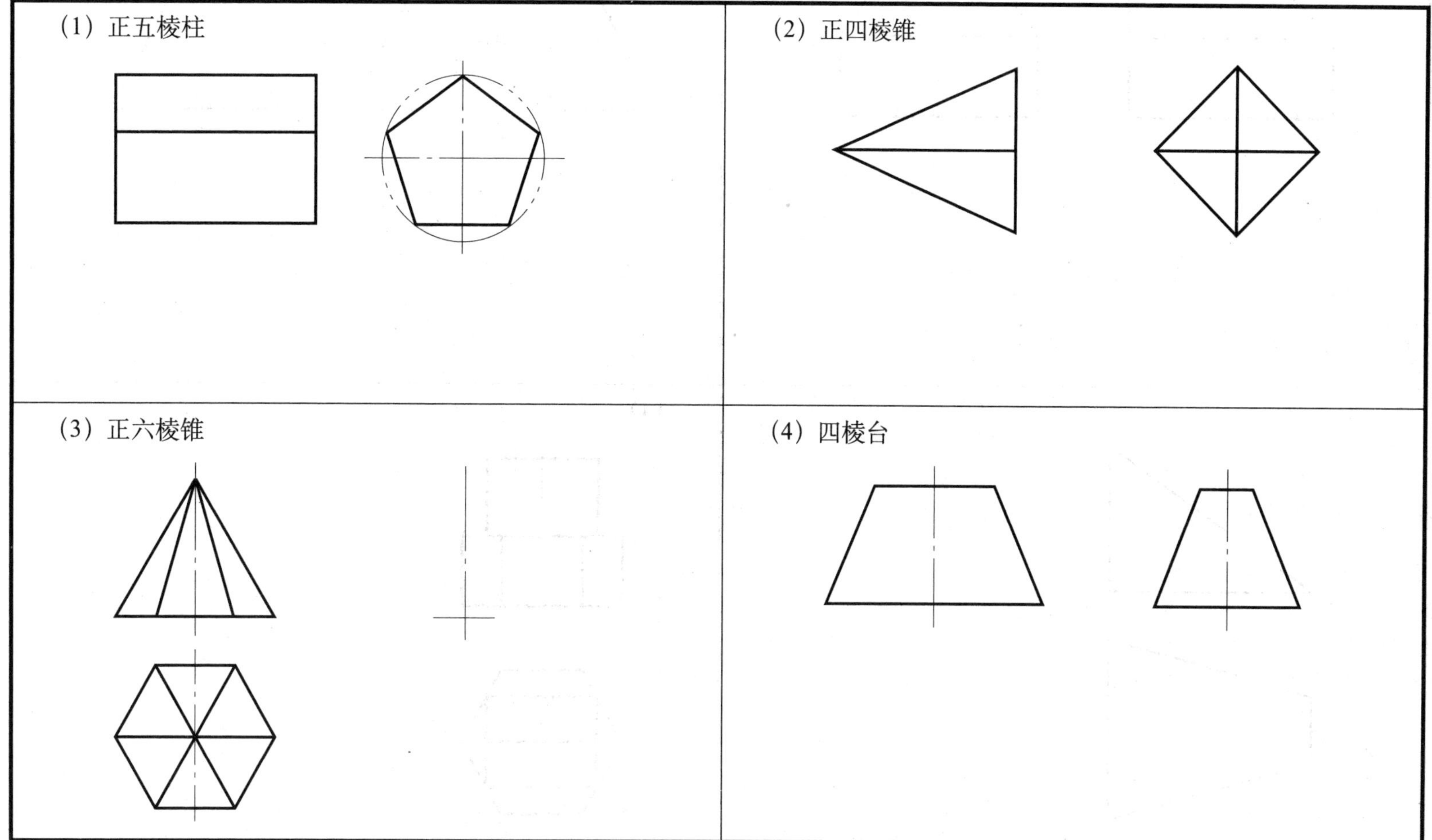

2—3—2　根据平面立体的两视图补画第三视图

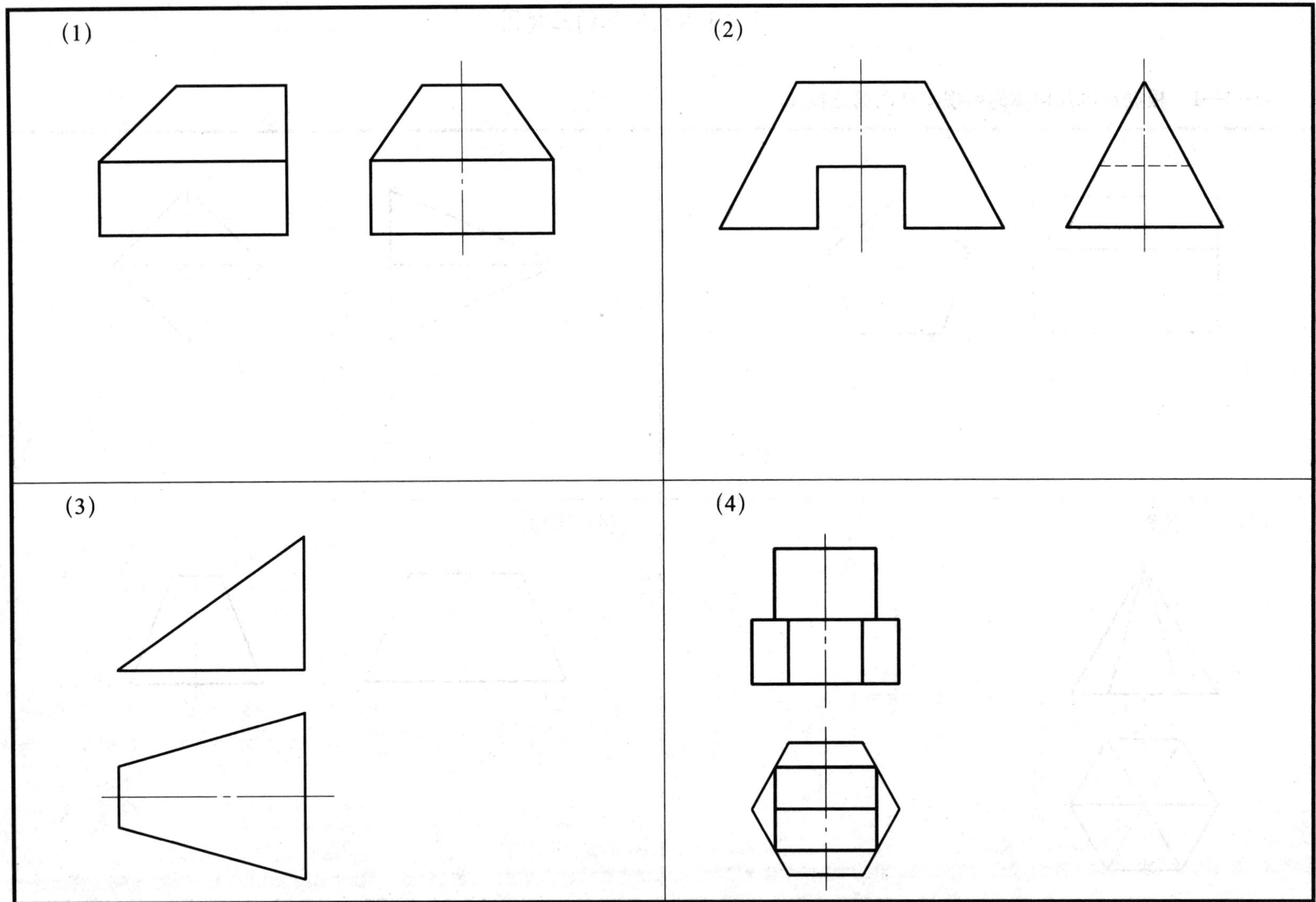

2—3—3　根据平面立体的两视图补画第三视图

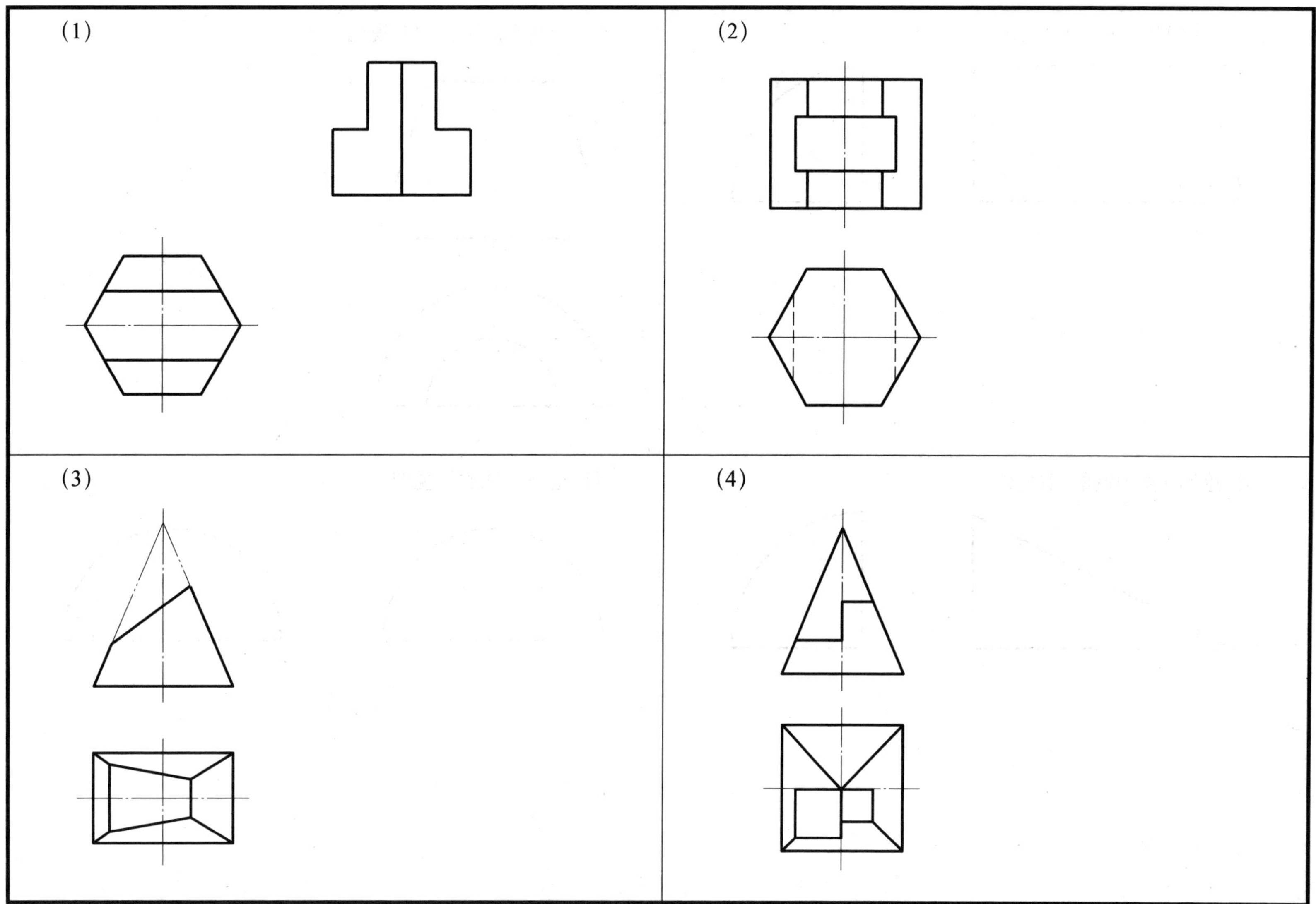

2—3—4　根据曲面立体的两视图补画第三视图

（1）绘制 1/4 圆柱的俯视图

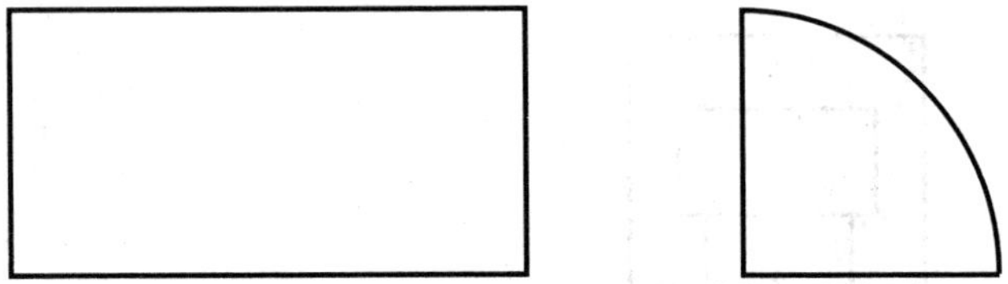

（2）绘制半圆锥台的左视图

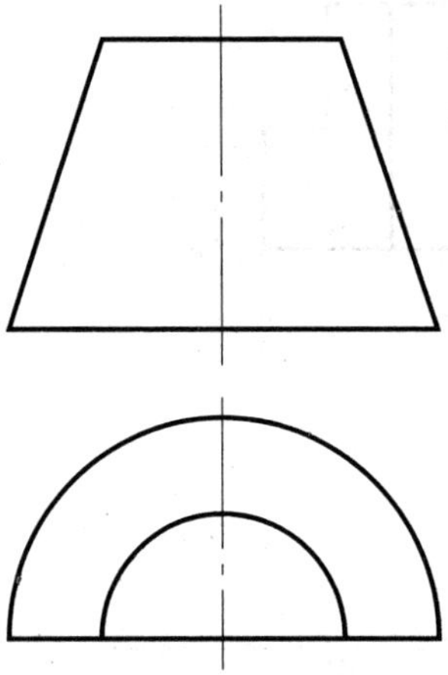

（3）绘制 1/4 圆锥的俯视图

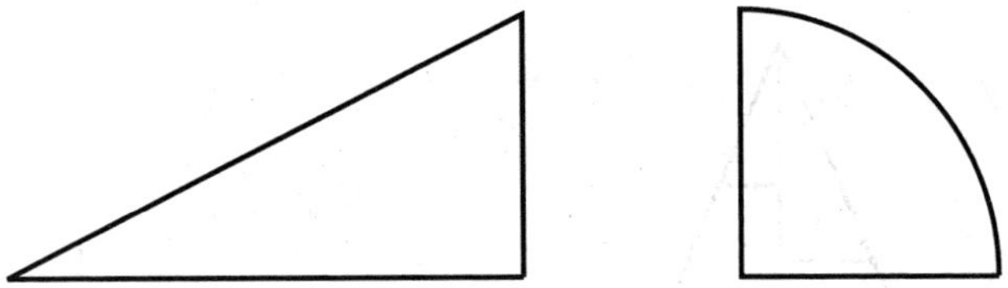

（4）绘制半球的俯视图

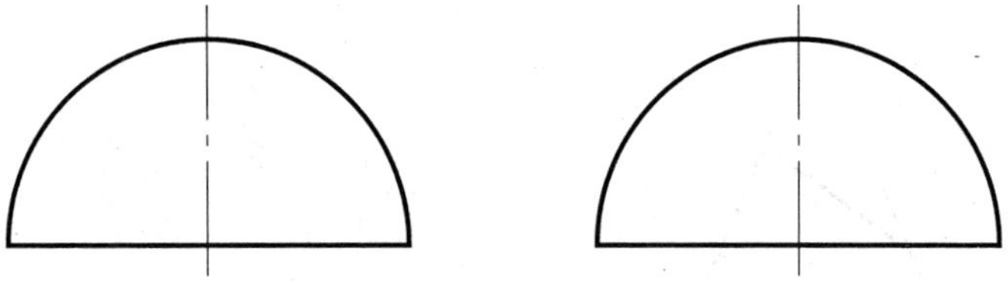

2—3—5　根据物体的两视图补画第三视图

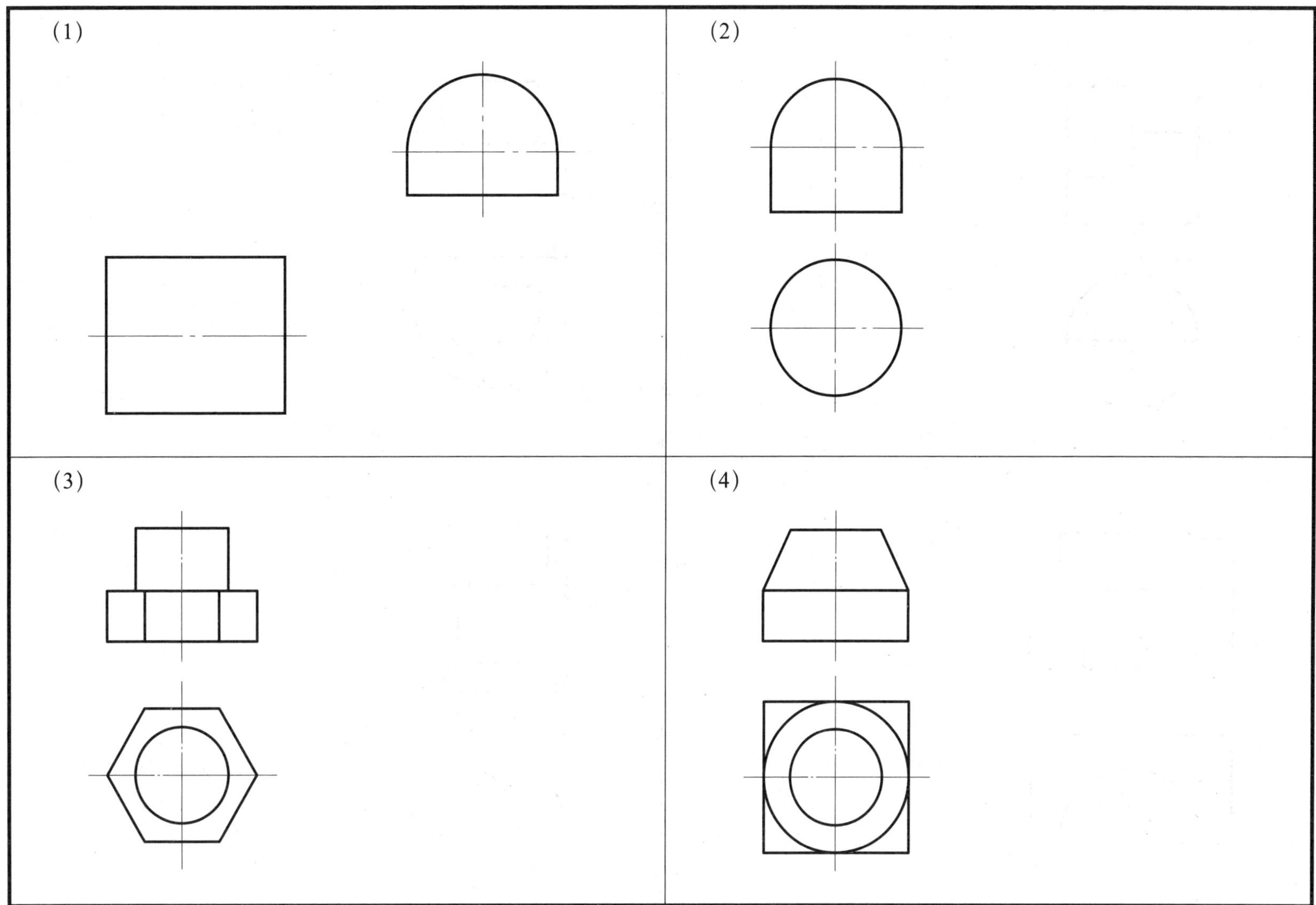

2—3—6　根据物体的两视图补画第三视图

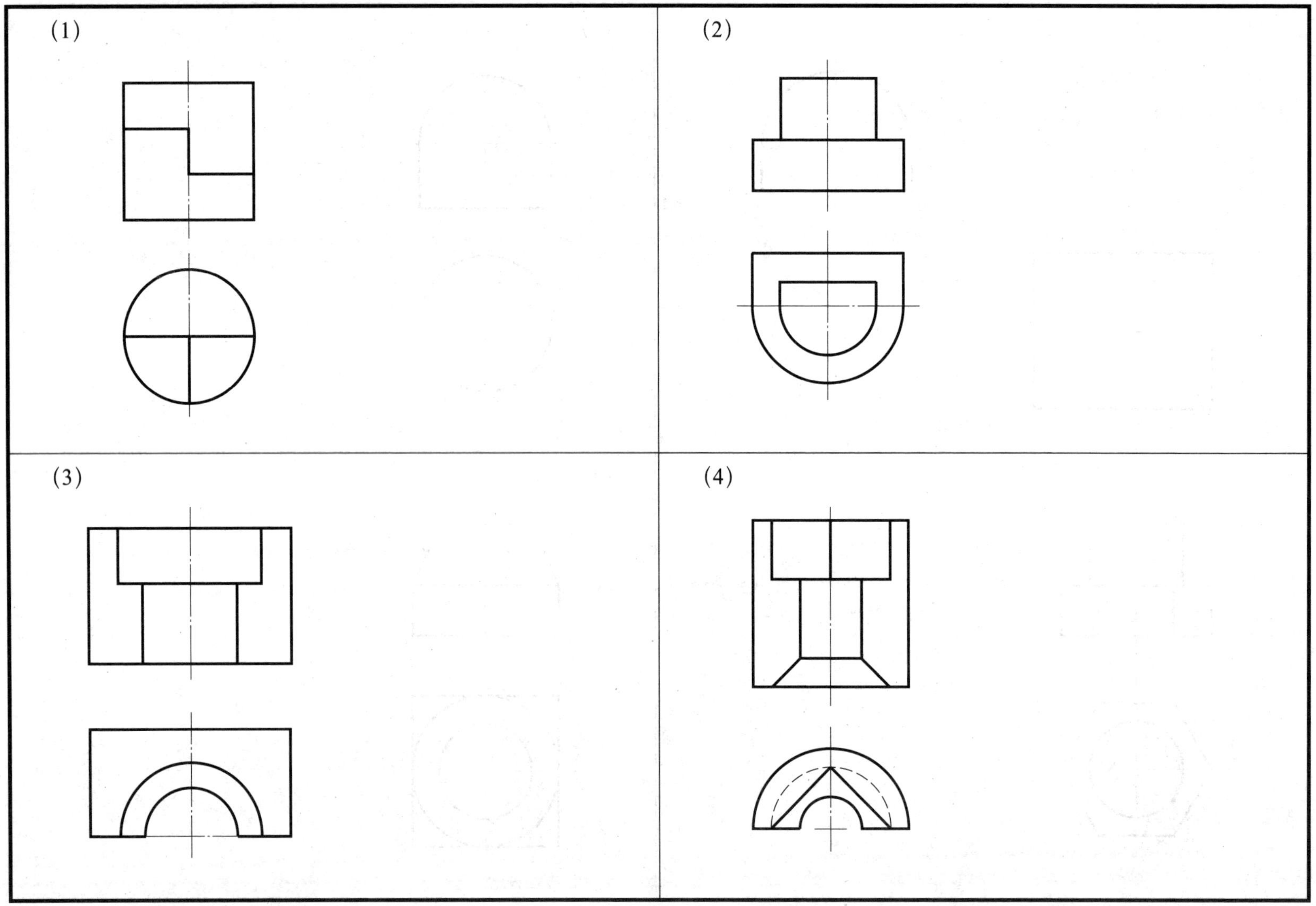

§2—4　正等轴测图

2—4—1　看懂两视图，绘制正等轴测图（尺寸从图中量取，取整数）

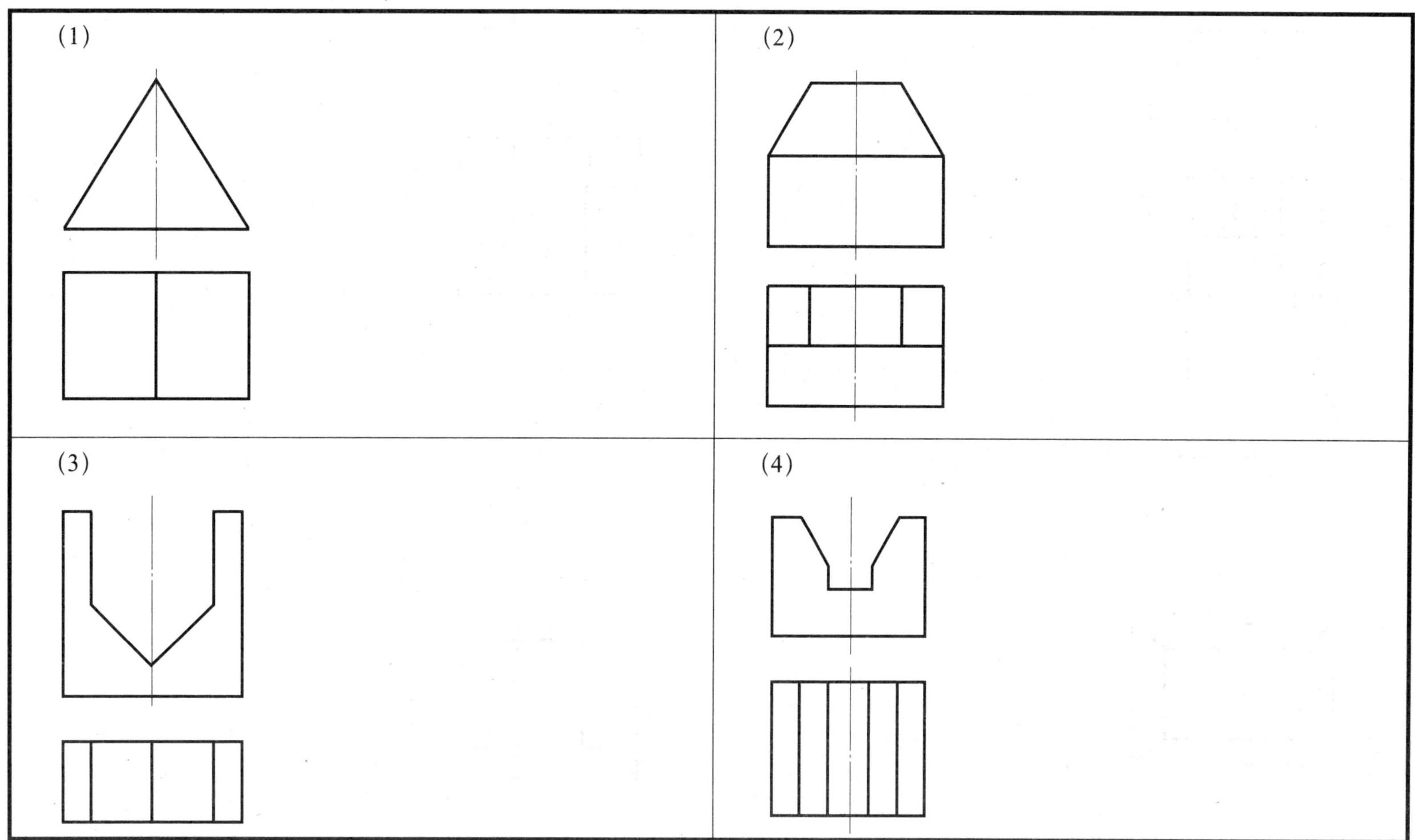

2—4—2　看懂两视图，绘制正等轴测图（尺寸从图中量取，取整数）

(1)

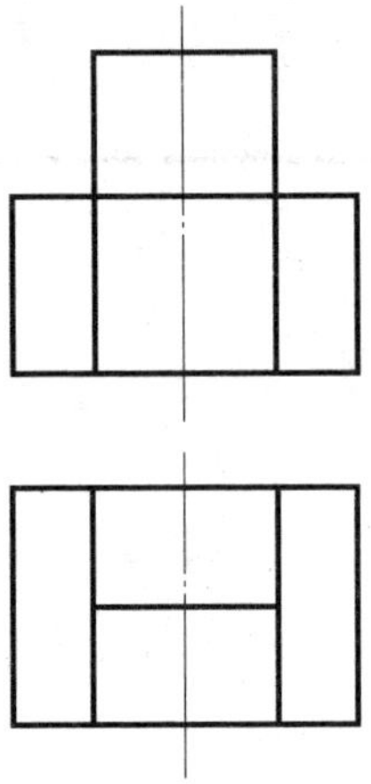

(2)

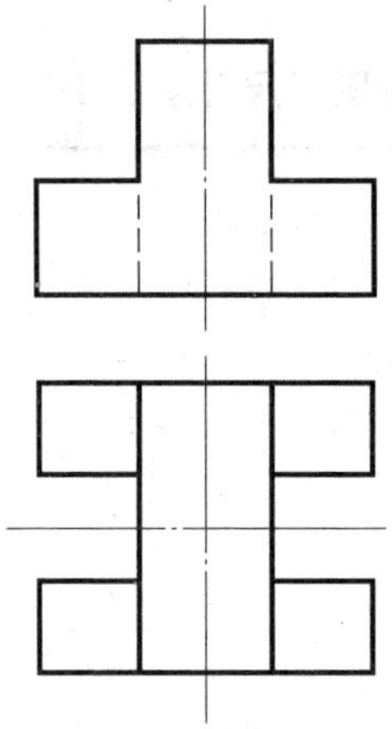

(3)

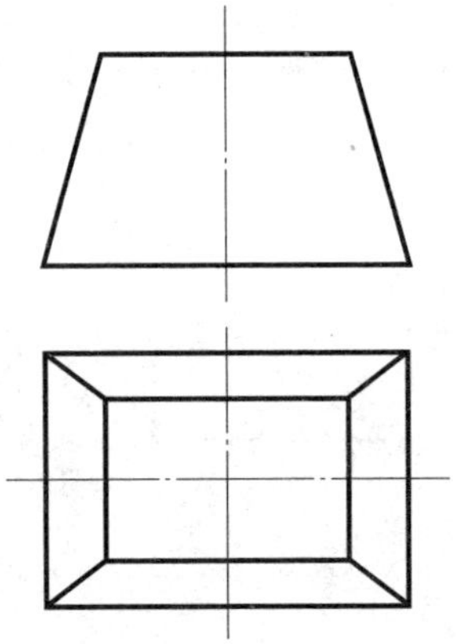

(4)

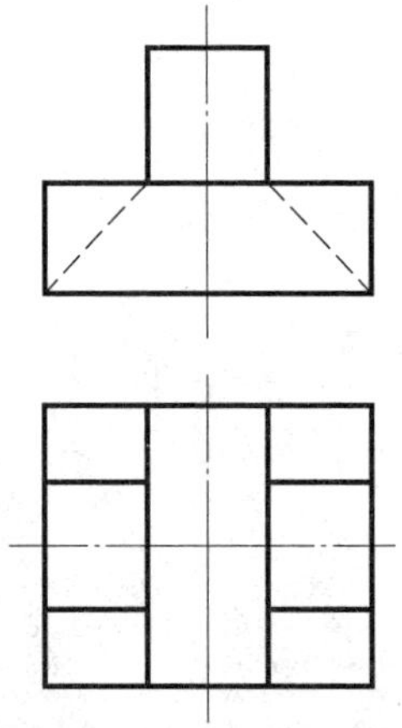

2—4—3 看懂两视图，绘制正等轴测图（尺寸从图中量取，取整数）

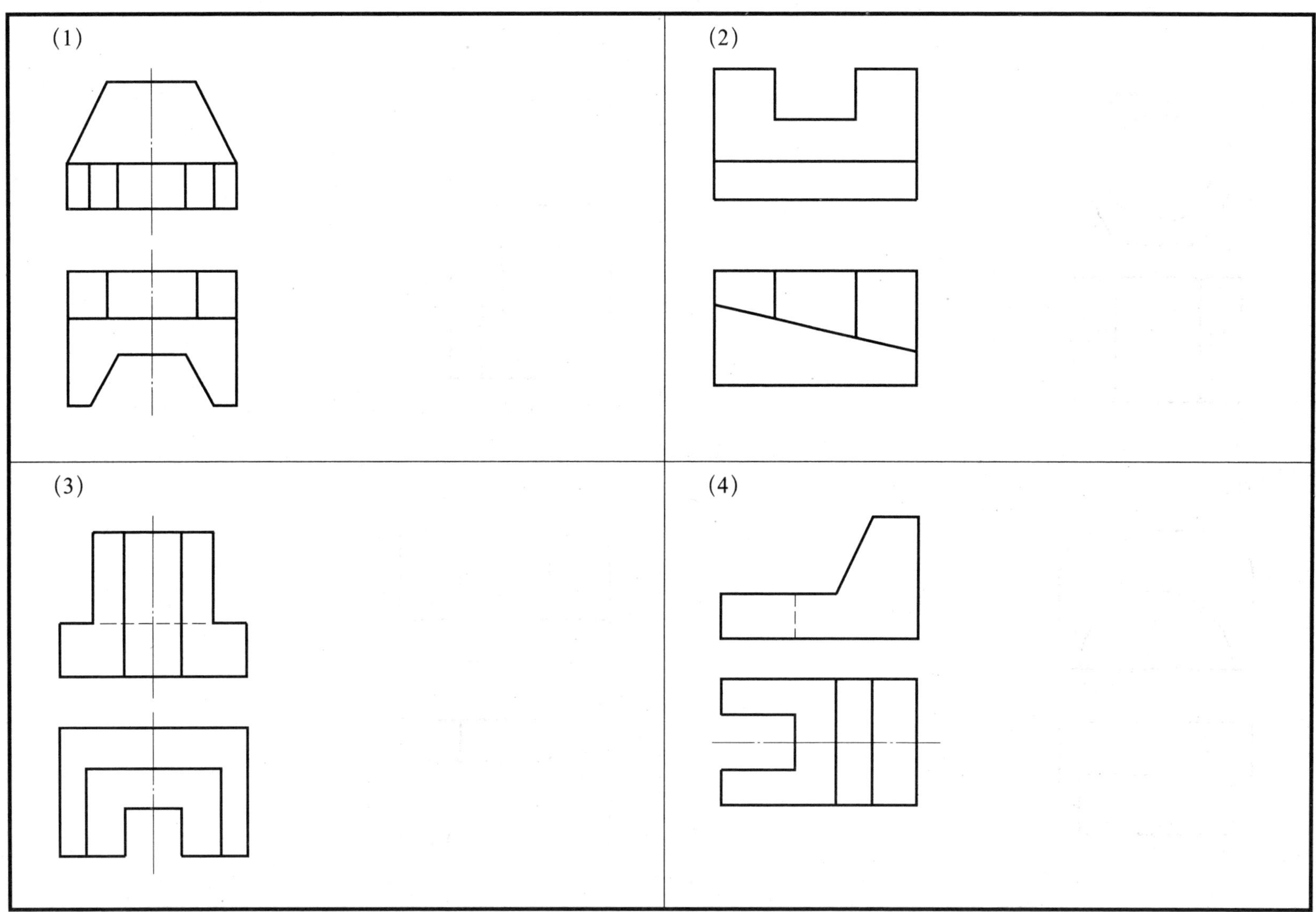

2—4—4　看懂两视图，绘制正等轴测图（尺寸从图中量取，取整数）

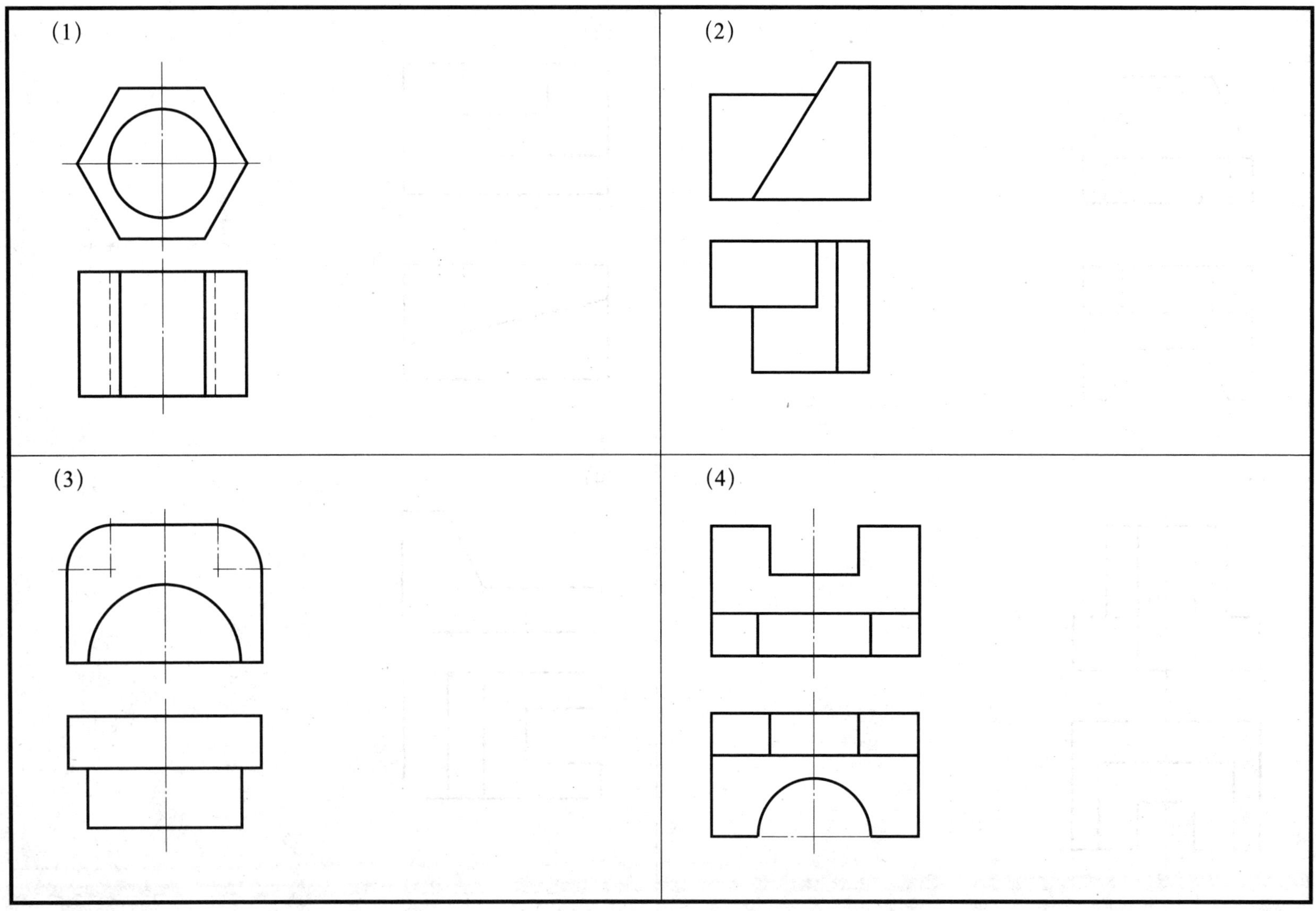

2—4—5　看懂两视图，补画第三视图，并绘制正等轴测图（尺寸从图中量取，取整数）

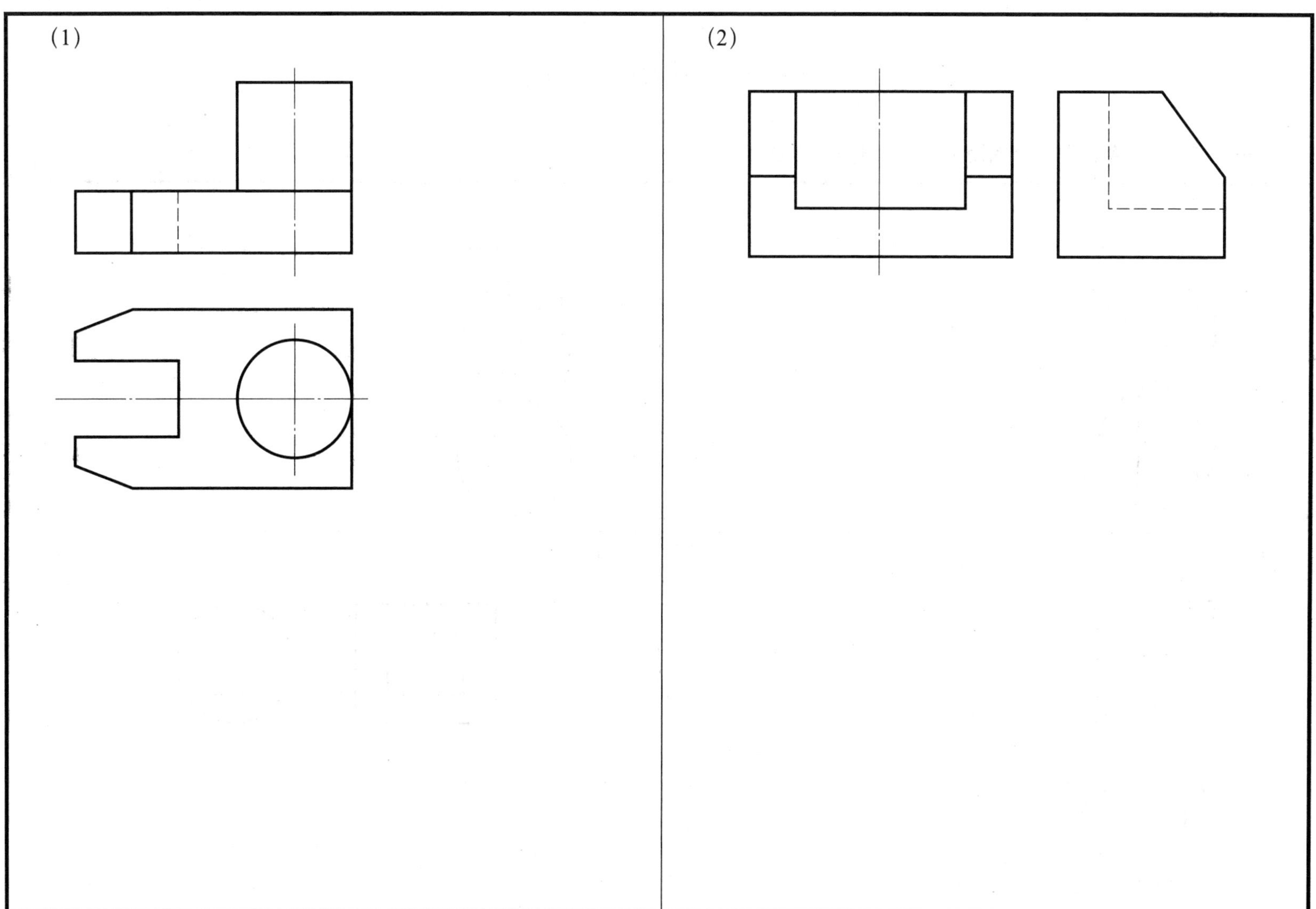

第三章 组 合 体

§3—1 圆柱的截割与相贯

3—1—1 根据截割圆柱体的两视图，补画第三视图

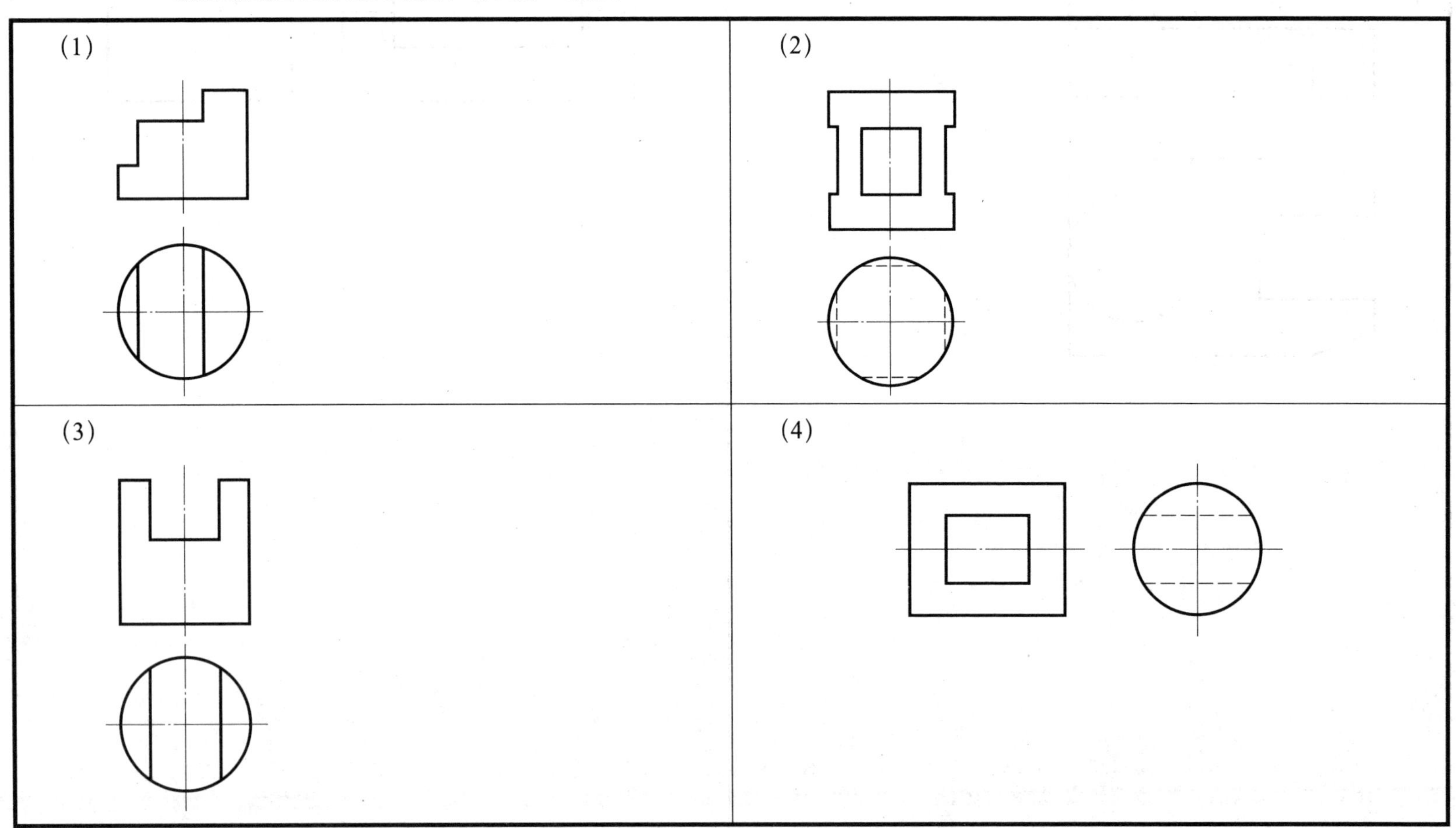

3—1—2　根据截割圆柱体的两视图，补画第三视图

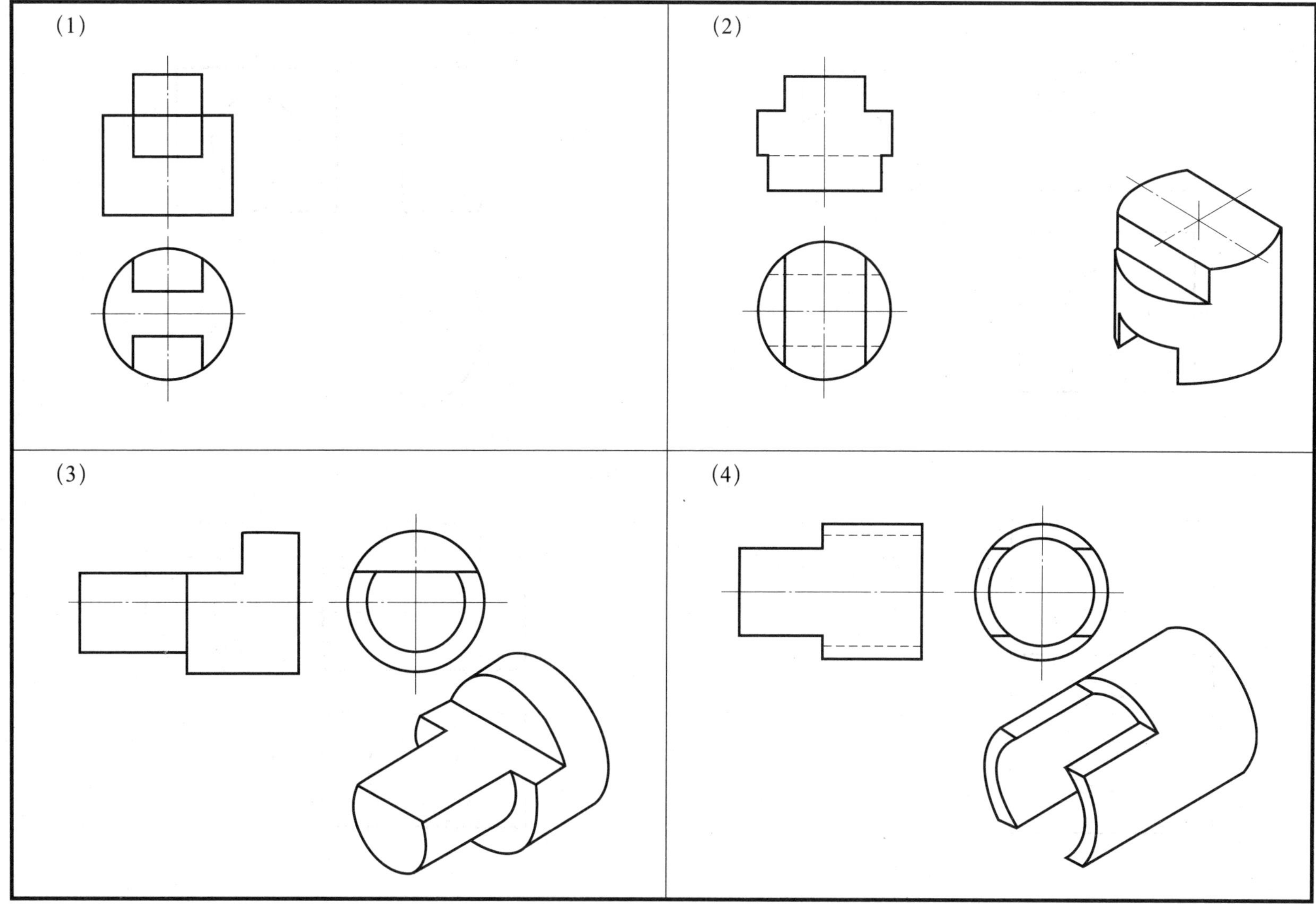

3—1—3　补画主视图中的缺线

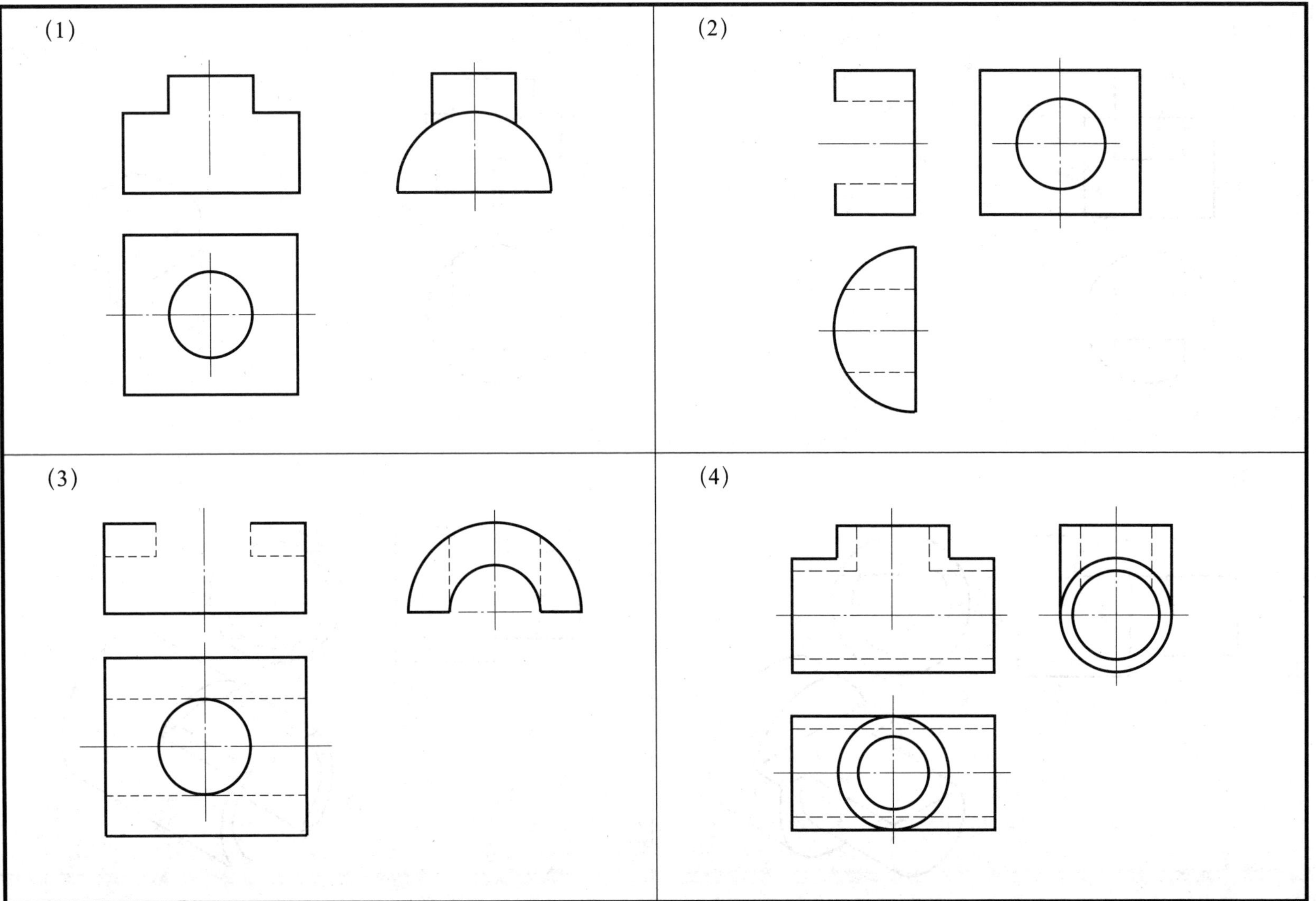

3—1—4　根据两视图，补画第三视图

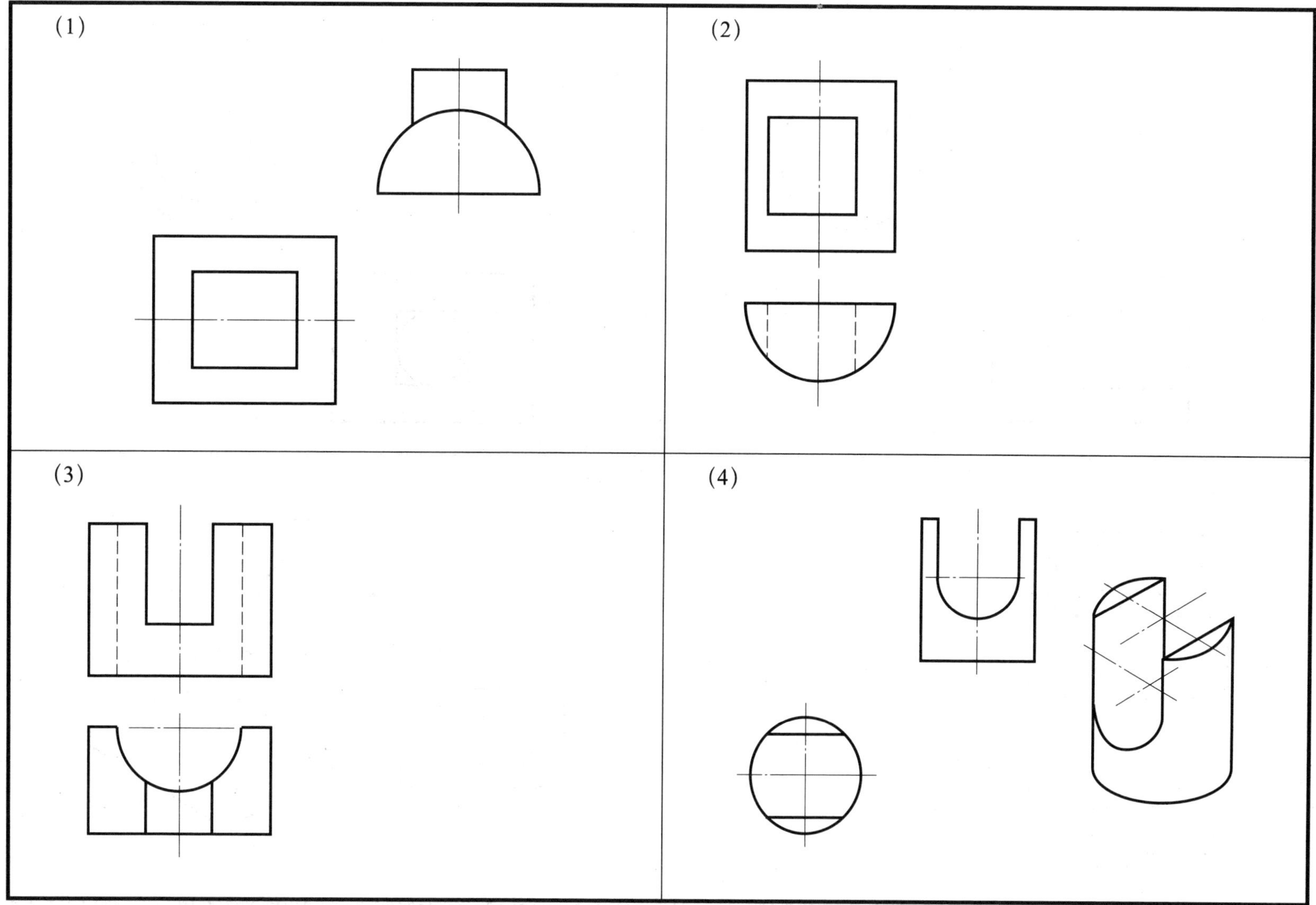

3—1—5 根据两视图，补画第三视图

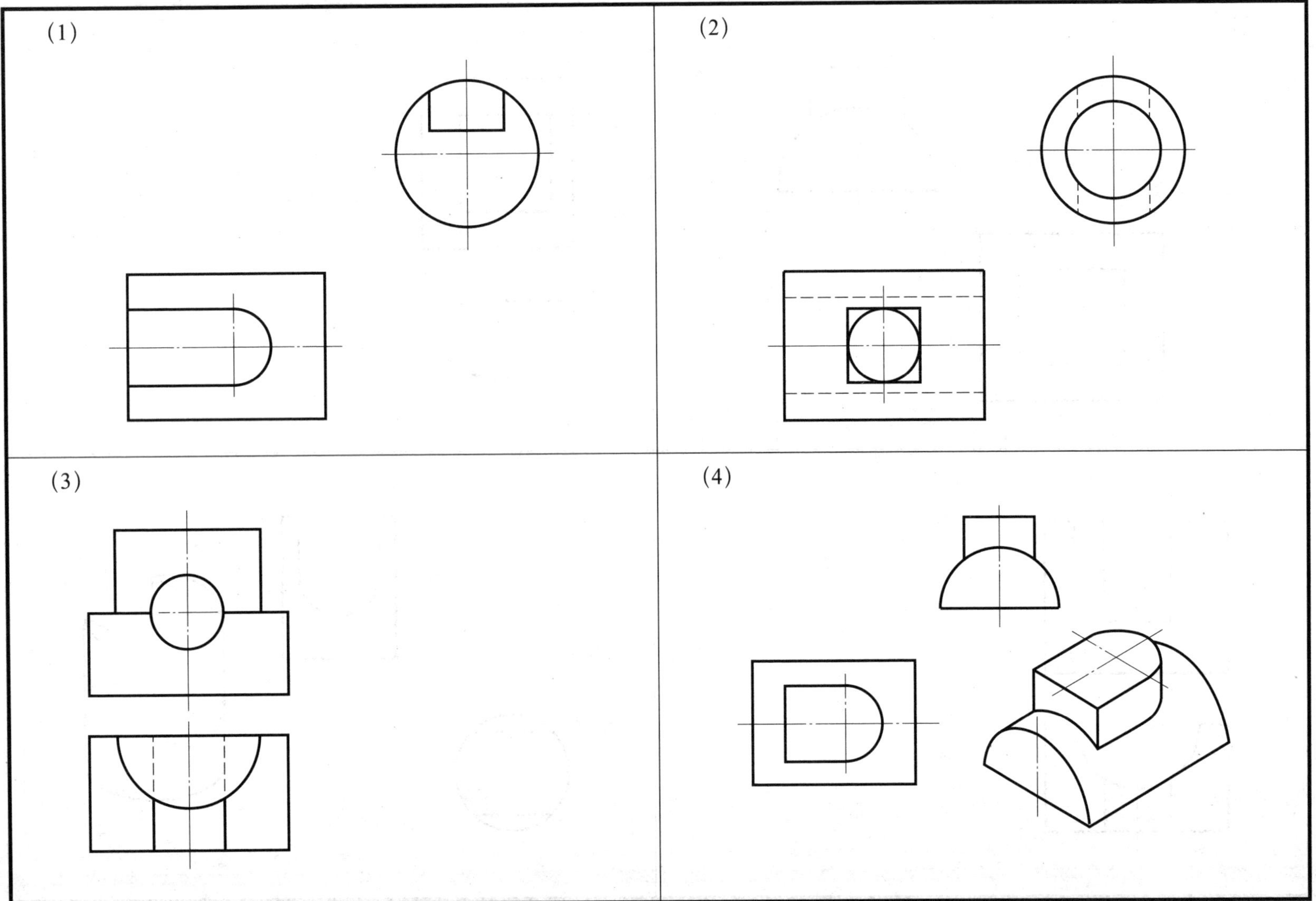

§3—2 绘制组合体的三视图

3—2—1 根据立体图绘制组合体的三视图（槽为通槽，孔为通孔。尺寸从图中量取，取整数）

（1）

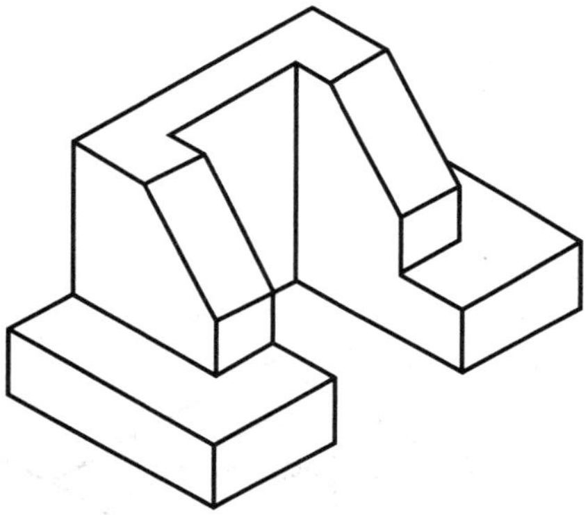

（2）

3—2—2　根据立体图绘制组合体的三视图（槽为通槽，孔为通孔。尺寸从图中量取，取整数）

(1)

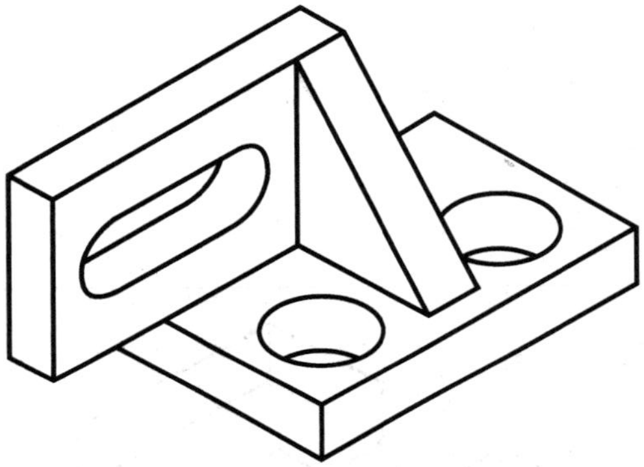

(2)

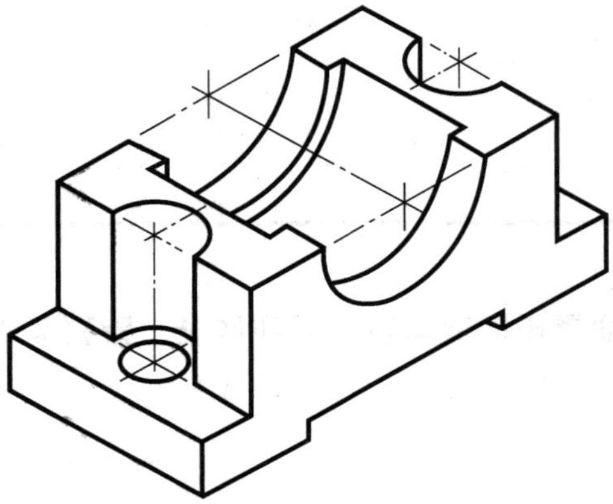

3—2—3　根据立体图绘制组合体的三视图（槽为通槽，孔为通孔。尺寸从图中量取，取整数）

(1)

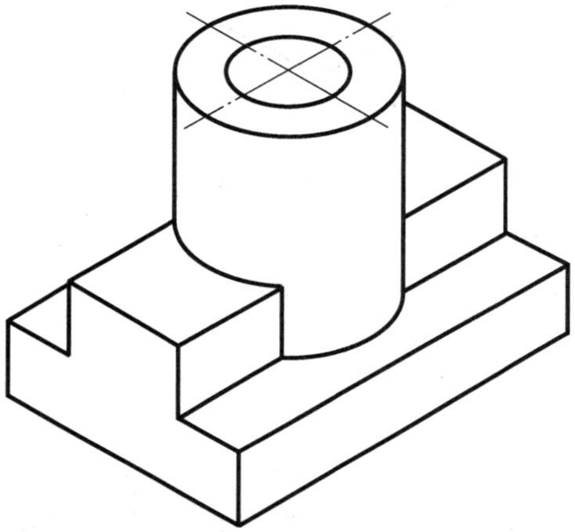

(2)

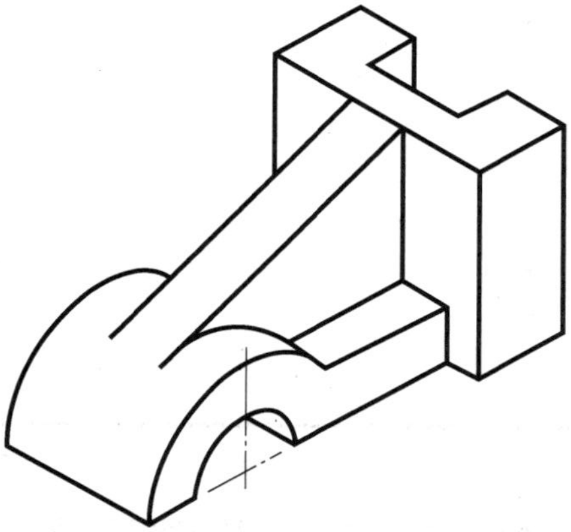

3—2—4　根据立体图绘制组合体的三视图（槽为通槽，孔为通孔。尺寸从图中量取，取整数）

（1）

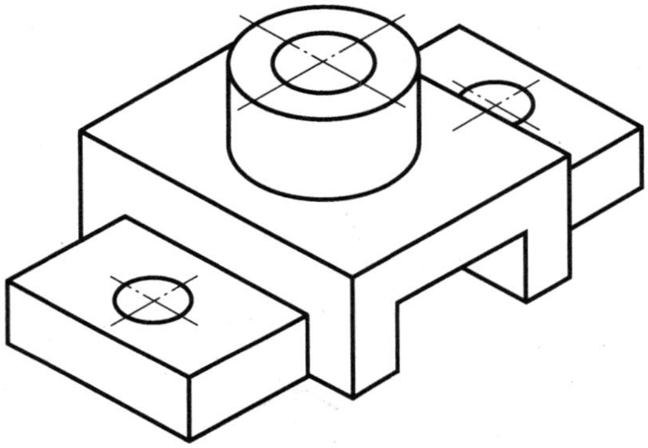

（2）

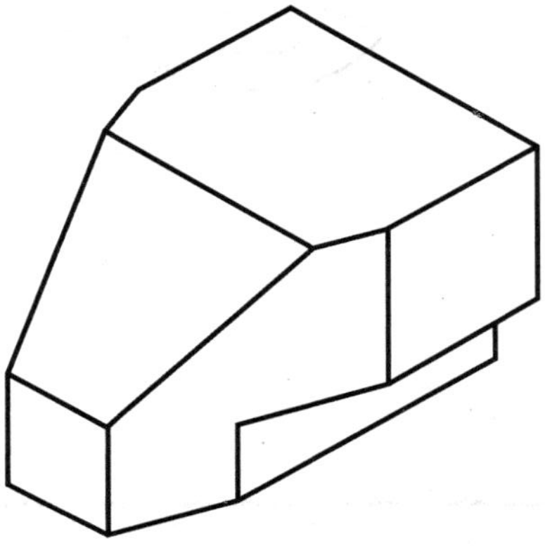

（形体前后对称）

§3—3 识读组合体的三视图

3—3—1 根据两视图补画第三视图

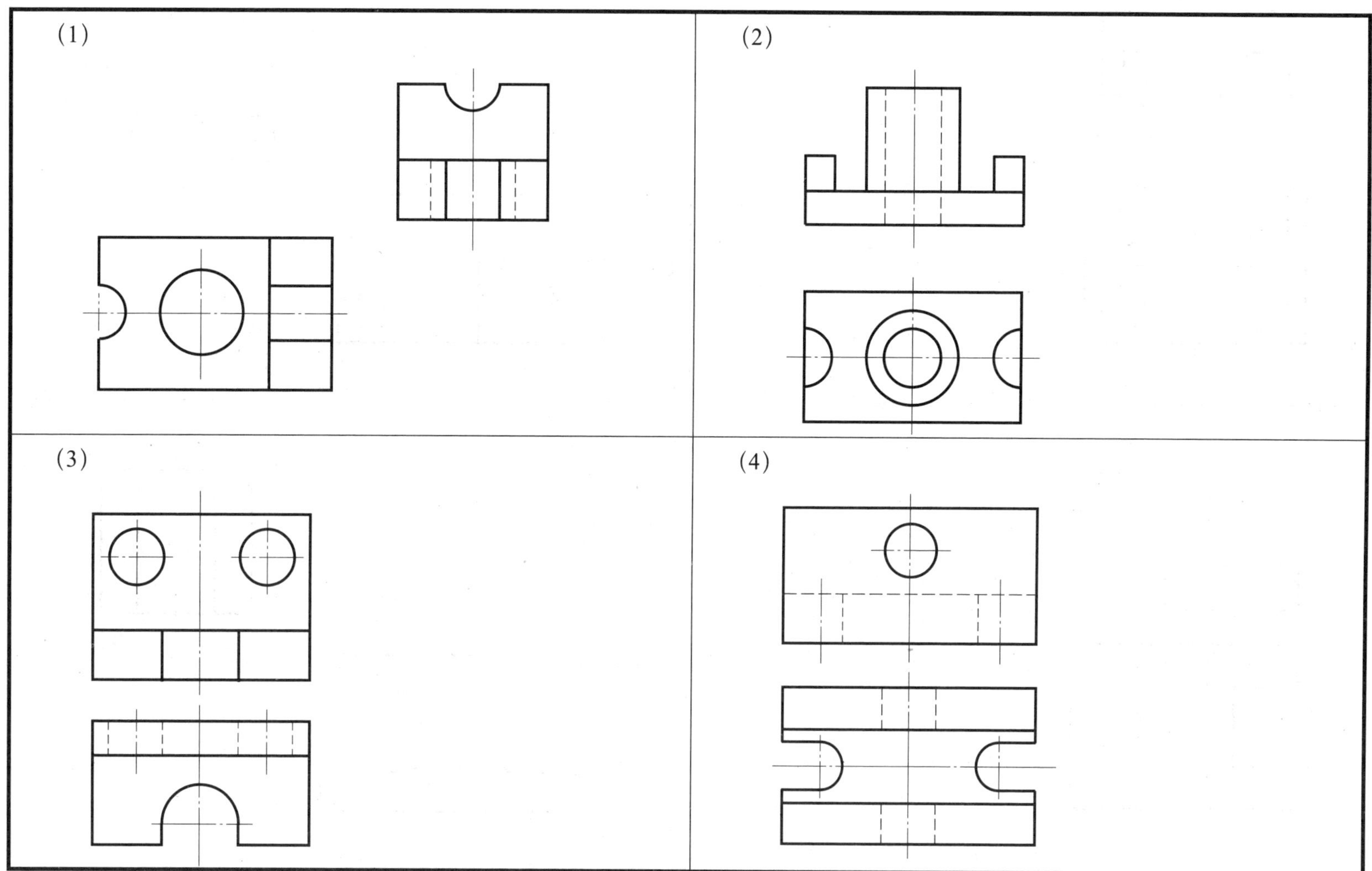

3—3—2　根据两视图补画第三视图

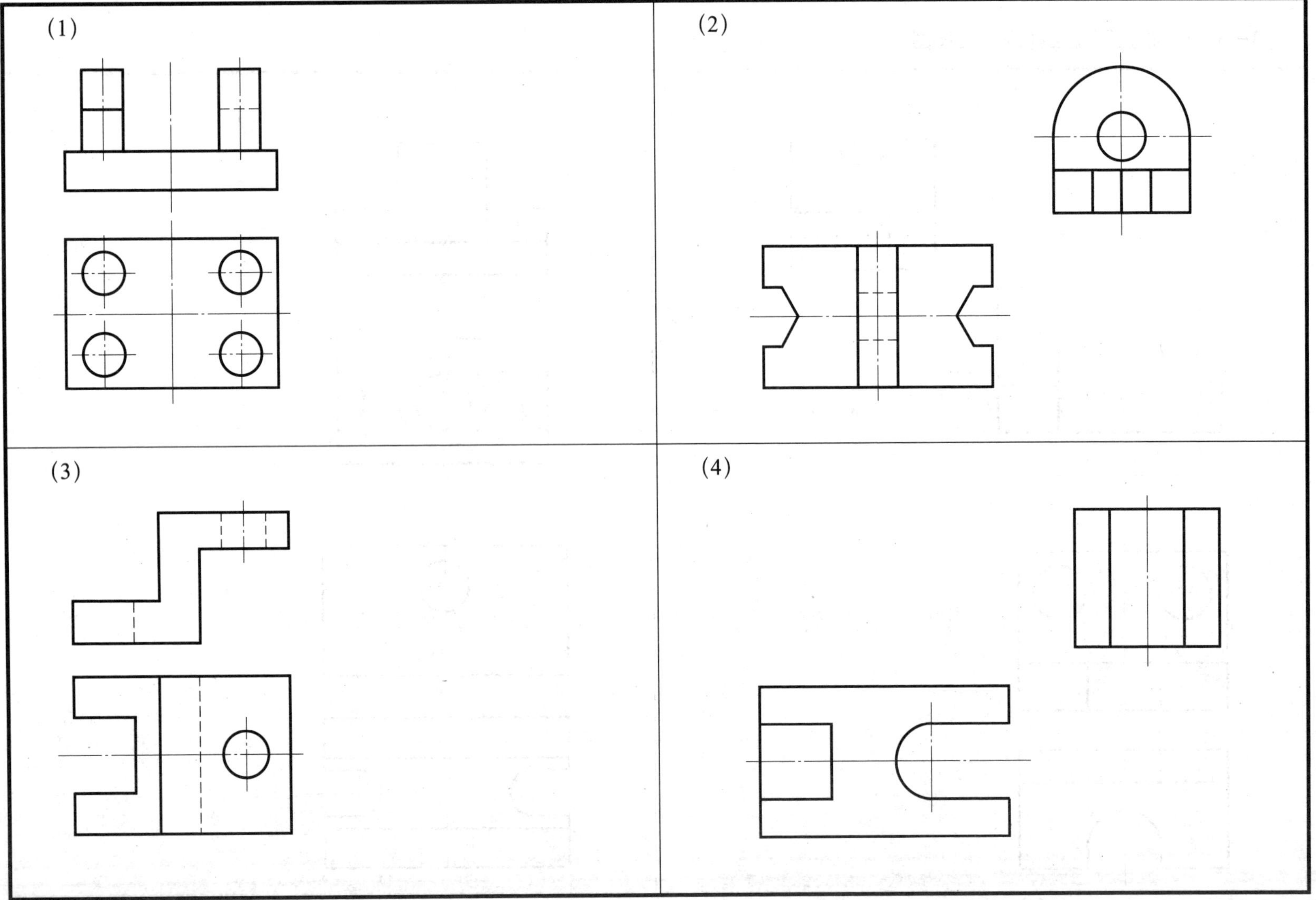

3—3—3 根据两视图补画第三视图

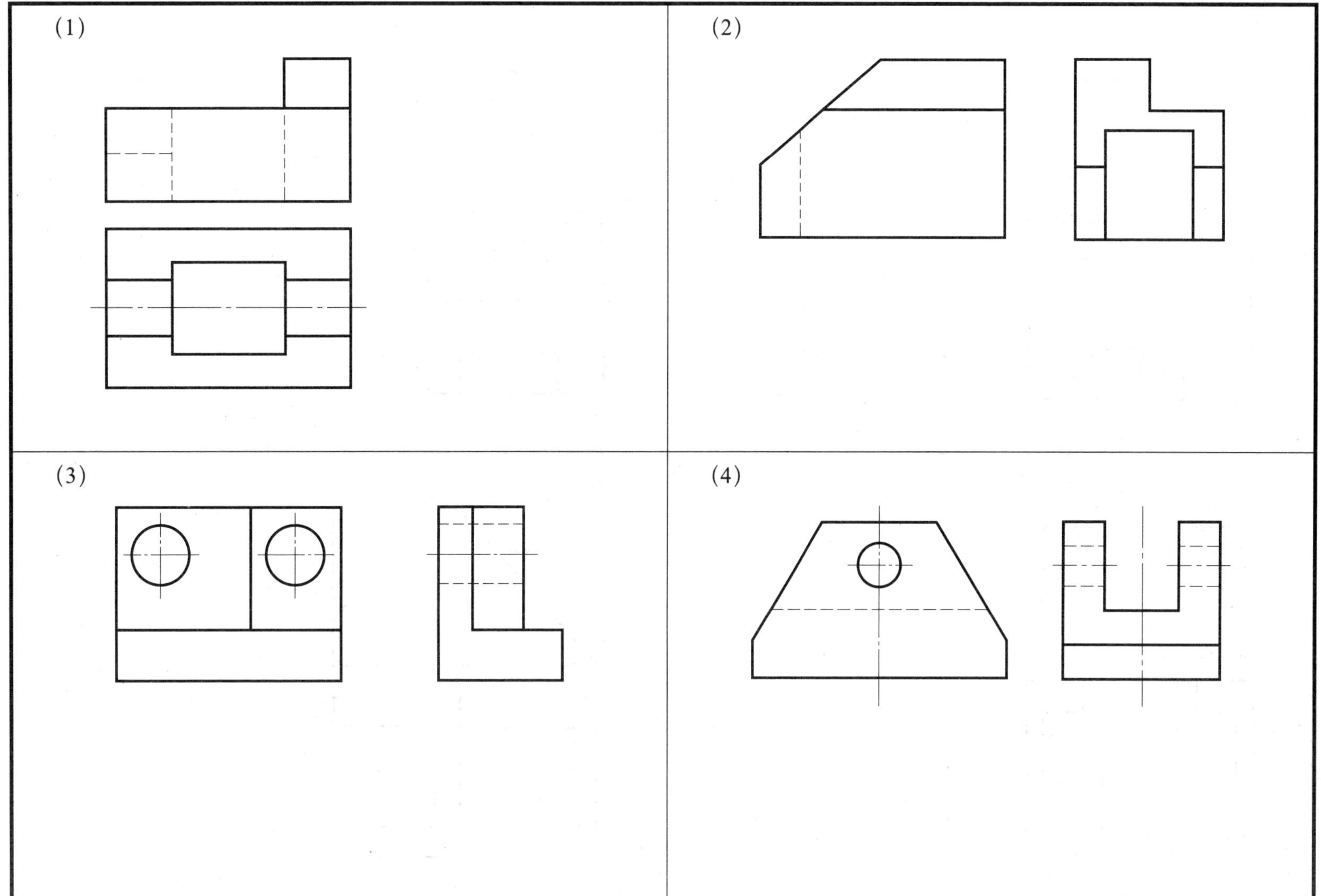

3—3—4 根据两视图补画第三视图

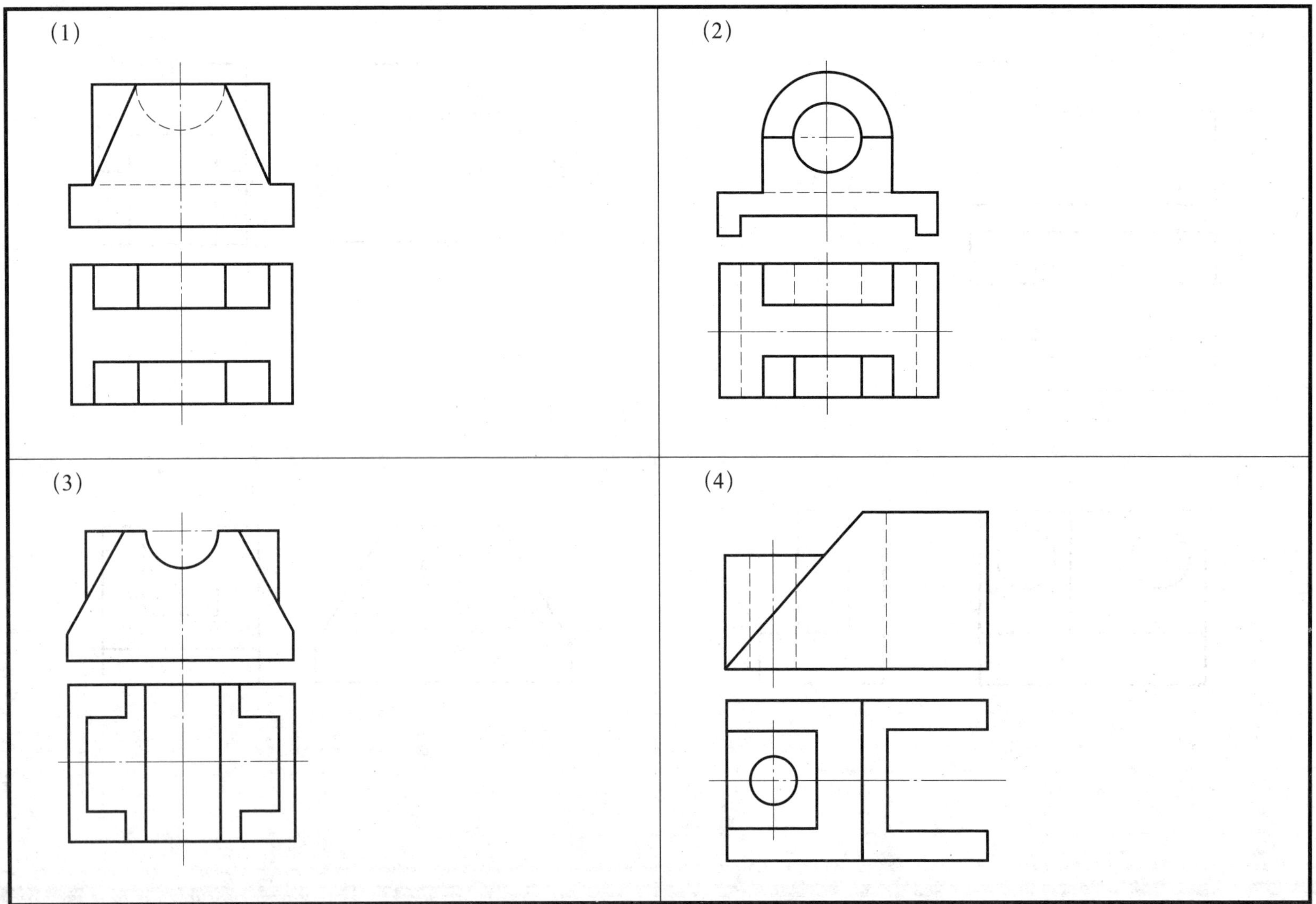

3—3—5　根据两视图补画第三视图

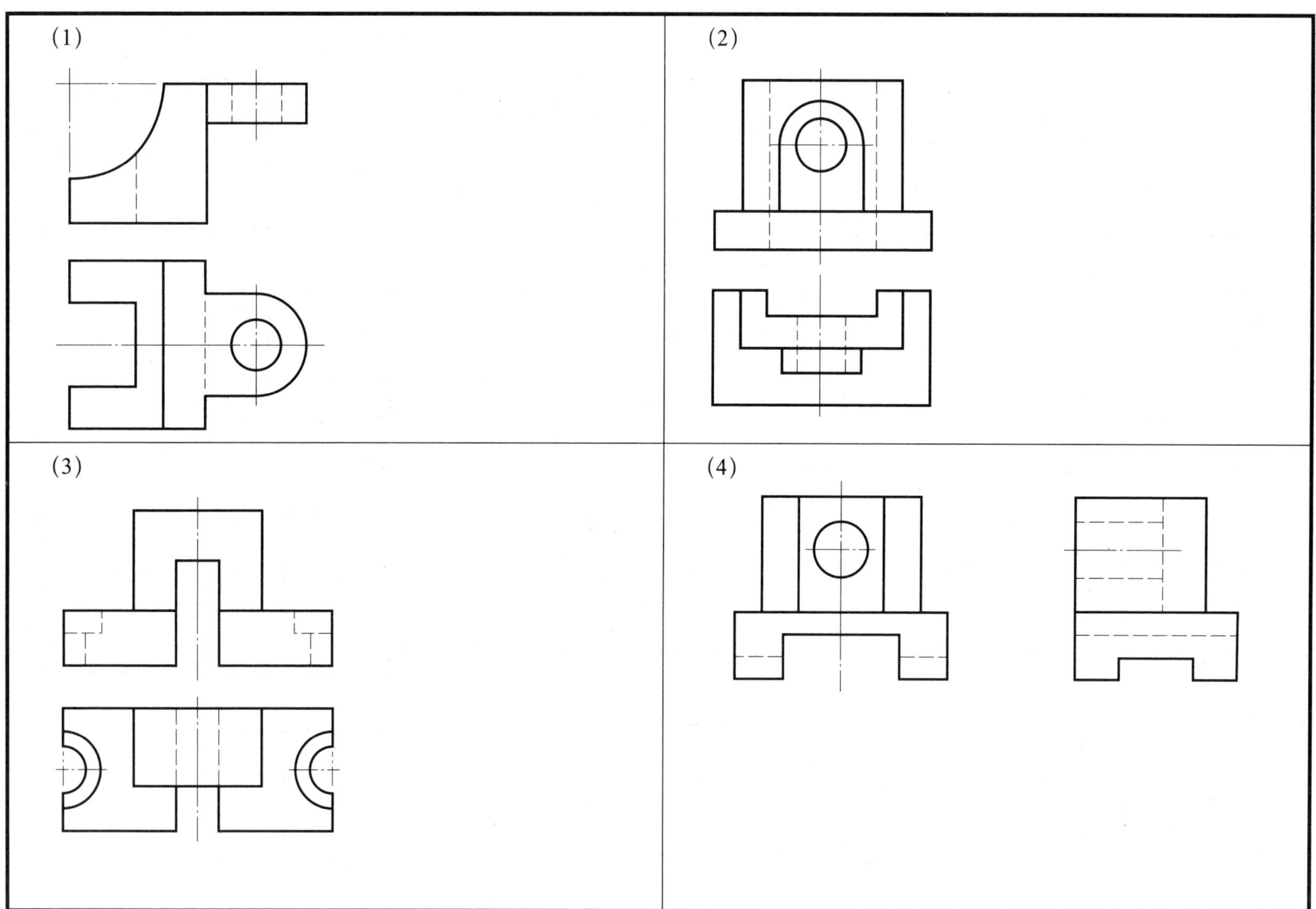

3—3—6　看懂视图，补画三视图中漏画的图线

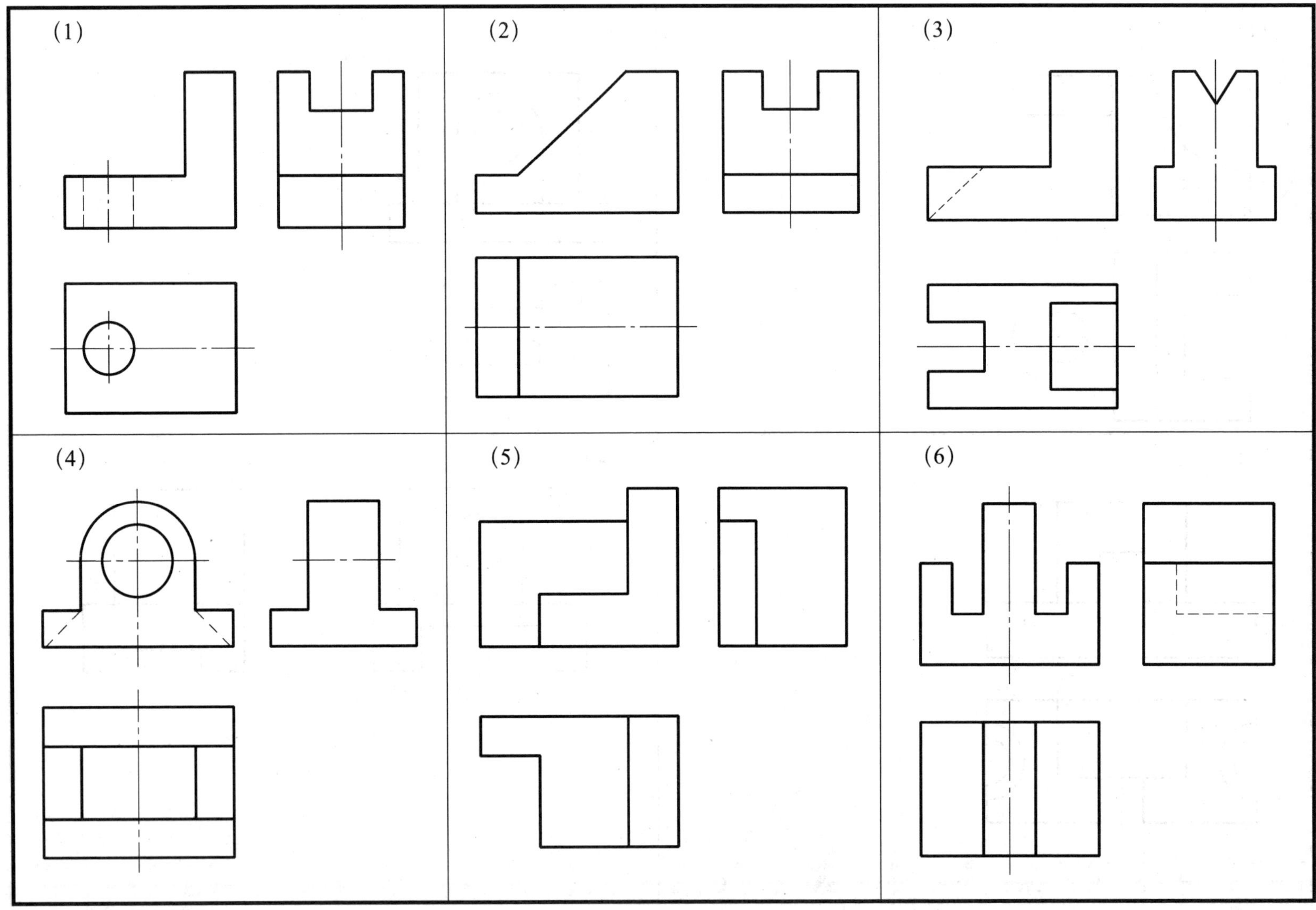

3—3—7　看懂视图，补画三视图中漏画的图线

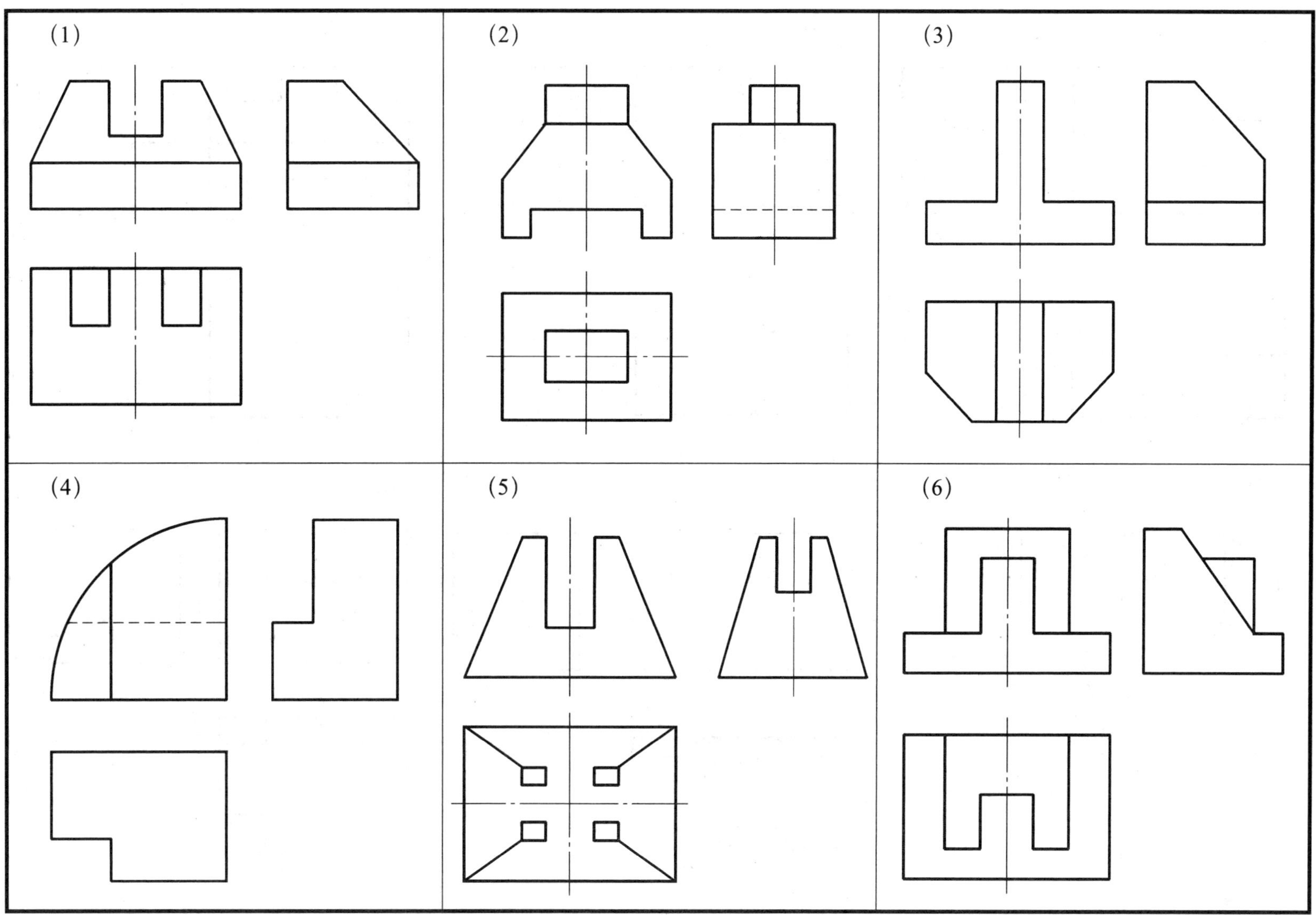

3—3—8　看懂视图，补画三视图中漏画的图线

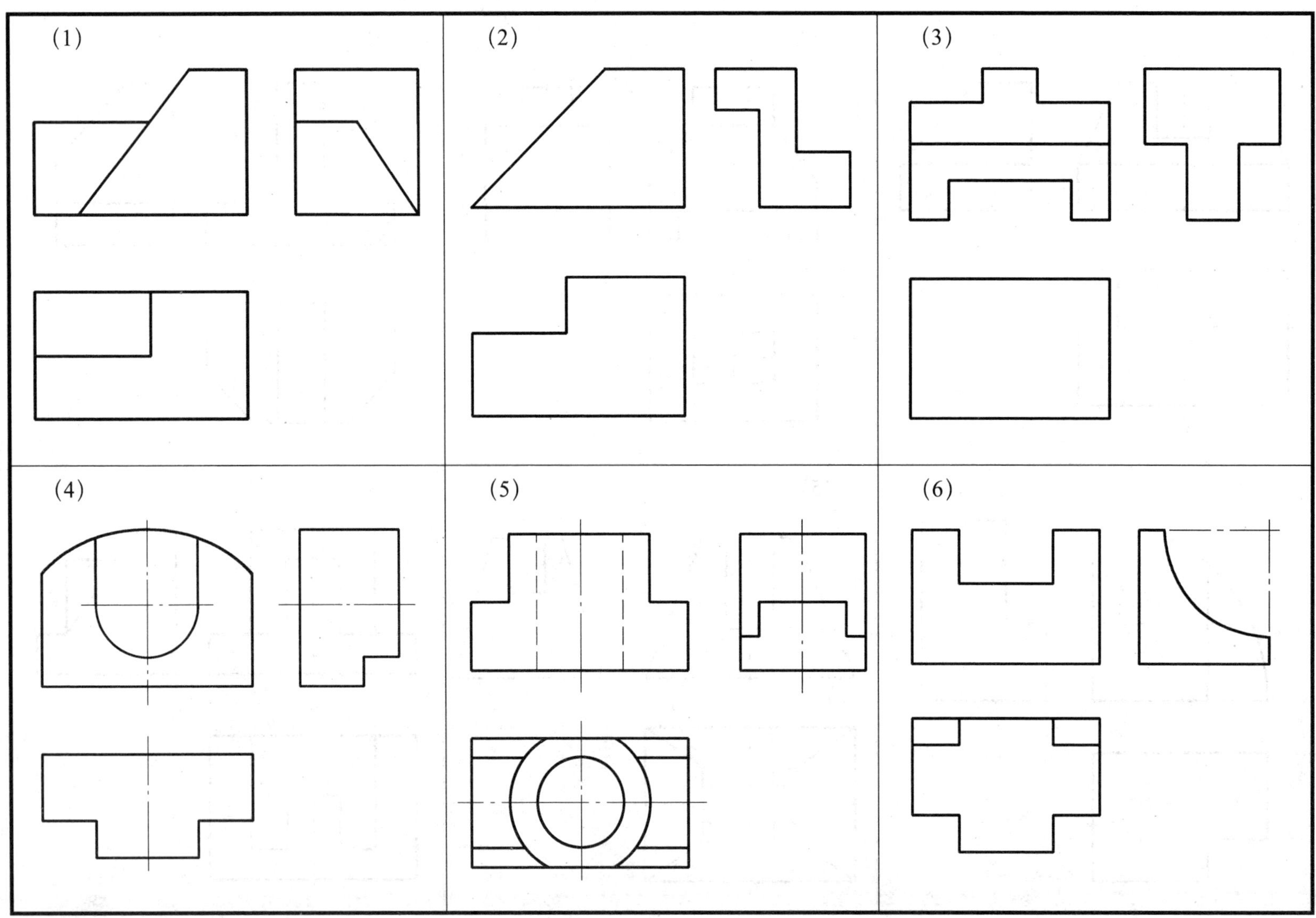

§3—4 组合体的尺寸标注

3—4—1 在两视图上标注尺寸（尺寸从图中量取，取整数）

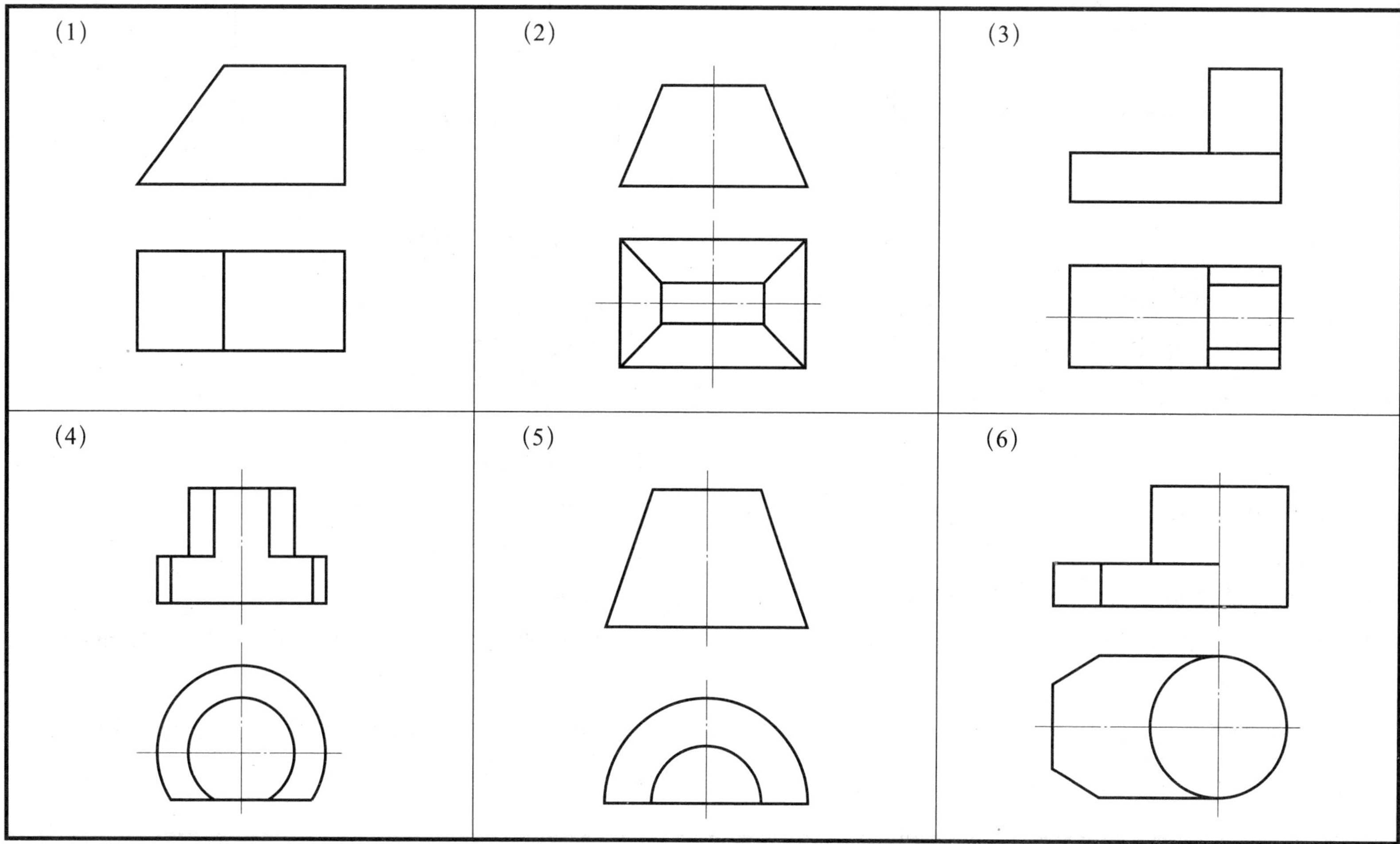

3—4—2　识读组合体视图上的尺寸，并填空

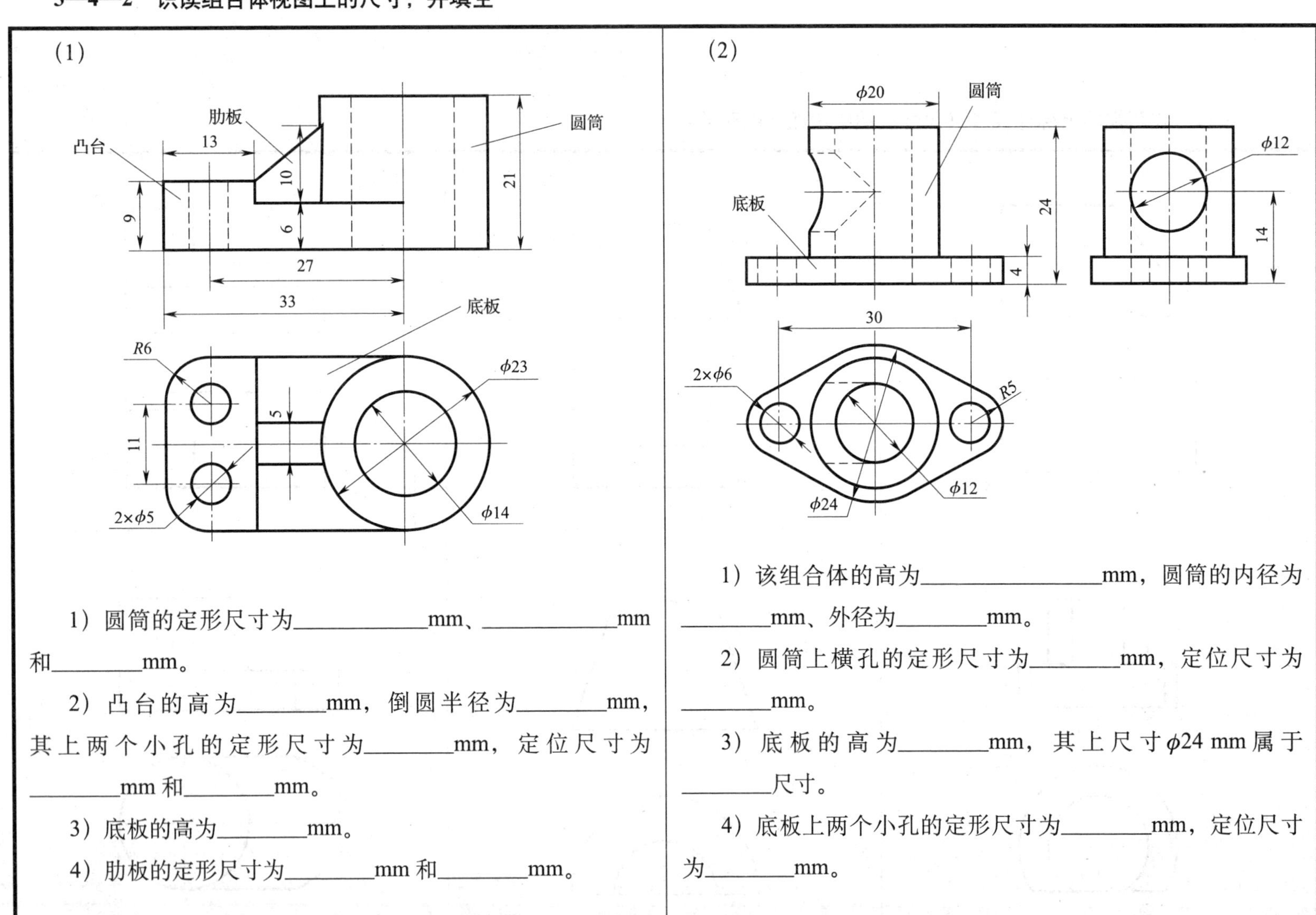

(1)

1）圆筒的定形尺寸为____________mm、____________mm 和________mm。

2）凸台的高为________mm，倒圆半径为________mm，其上两个小孔的定形尺寸为________mm，定位尺寸为________mm 和________mm。

3）底板的高为________mm。

4）肋板的定形尺寸为________mm 和________mm。

(2)

1）该组合体的高为________________mm，圆筒的内径为________mm、外径为________mm。

2）圆筒上横孔的定形尺寸为________mm，定位尺寸为________mm。

3）底板的高为________mm，其上尺寸 ϕ24 mm 属于________尺寸。

4）底板上两个小孔的定形尺寸为________mm，定位尺寸为________mm。

3—4—3　识读组合体三视图上的尺寸，并填空

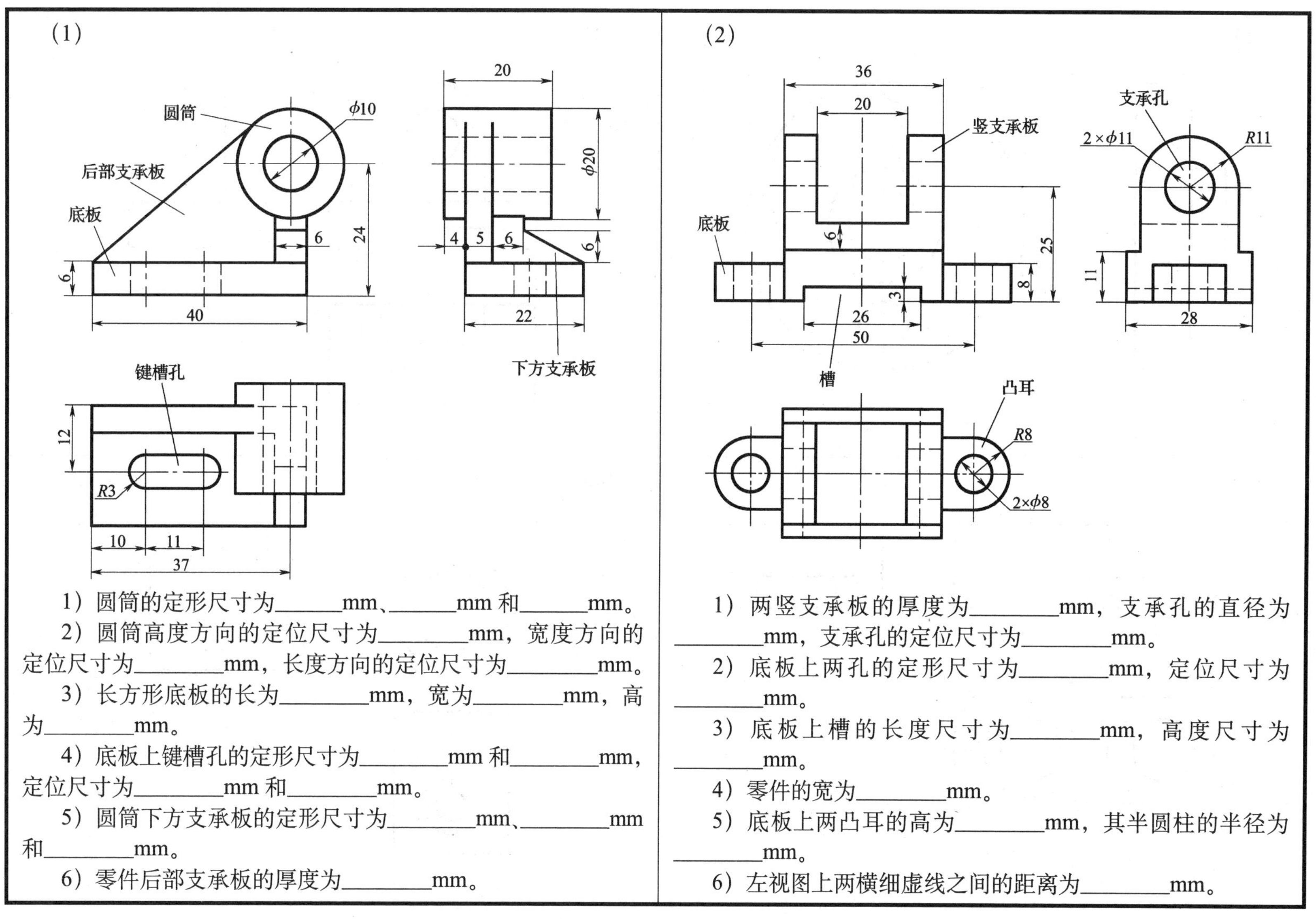

(1)

1）圆筒的定形尺寸为______mm、______mm 和______mm。

2）圆筒高度方向的定位尺寸为________mm，宽度方向的定位尺寸为________mm，长度方向的定位尺寸为________mm。

3）长方形底板的长为________mm，宽为________mm，高为________mm。

4）底板上键槽孔的定形尺寸为________mm 和________mm，定位尺寸为________mm 和________mm。

5）圆筒下方支承板的定形尺寸为________mm、________mm 和________mm。

6）零件后部支承板的厚度为________mm。

(2)

1）两竖支承板的厚度为________mm，支承孔的直径为________mm，支承孔的定位尺寸为________mm。

2）底板上两孔的定形尺寸为________mm，定位尺寸为________mm。

3）底板上槽的长度尺寸为________mm，高度尺寸为________mm。

4）零件的宽为________mm。

5）底板上两凸耳的高为________mm，其半圆柱的半径为________mm。

6）左视图上两横细虚线之间的距离为________mm。

3—4—4　在视图上标注尺寸（尺寸从图中量取，取整数）

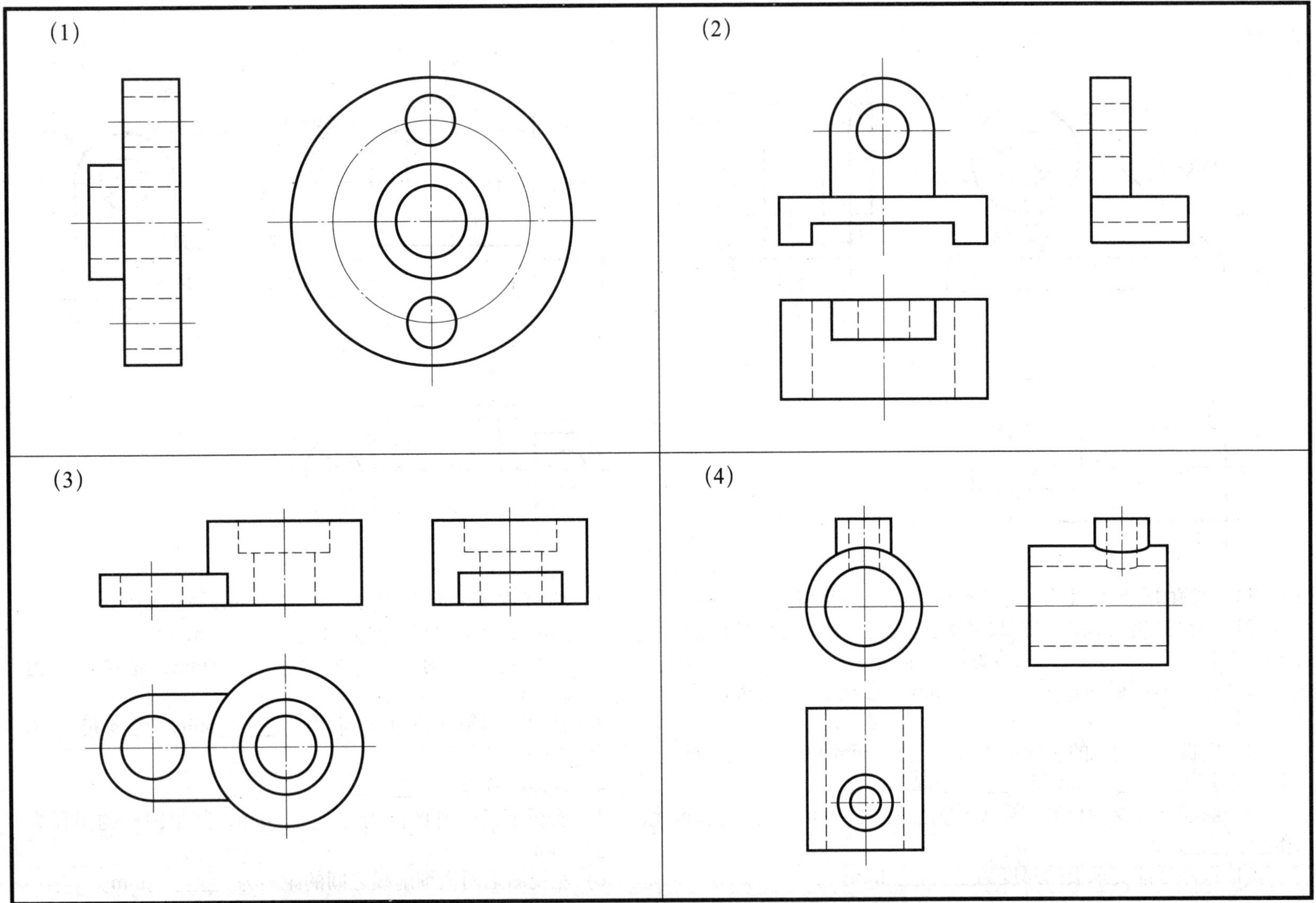

3—4—5 在三视图上标注尺寸（尺寸从图中量取，取整数）

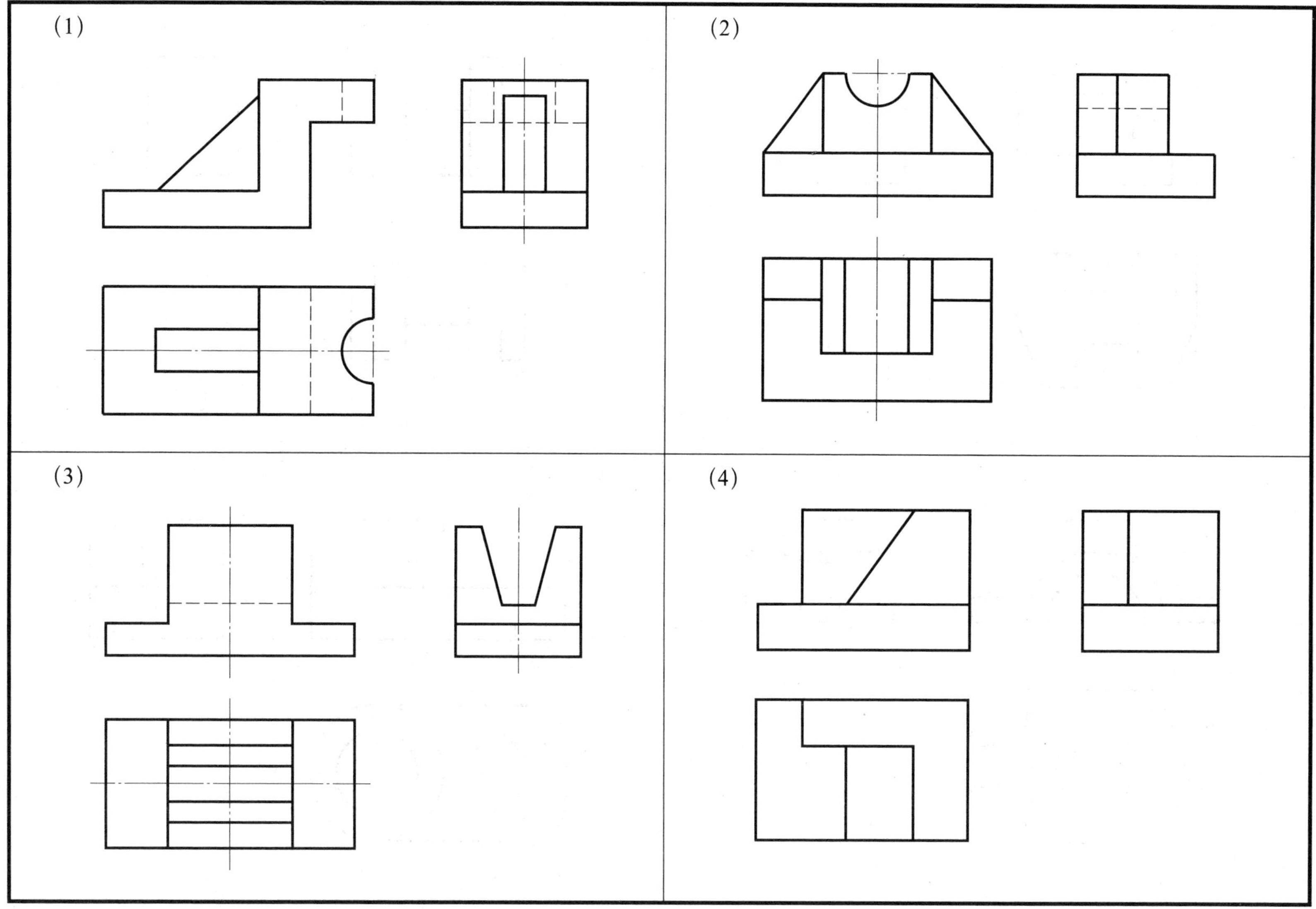

3—4—6　在三视图上标注尺寸（尺寸从图中量取，取整数）

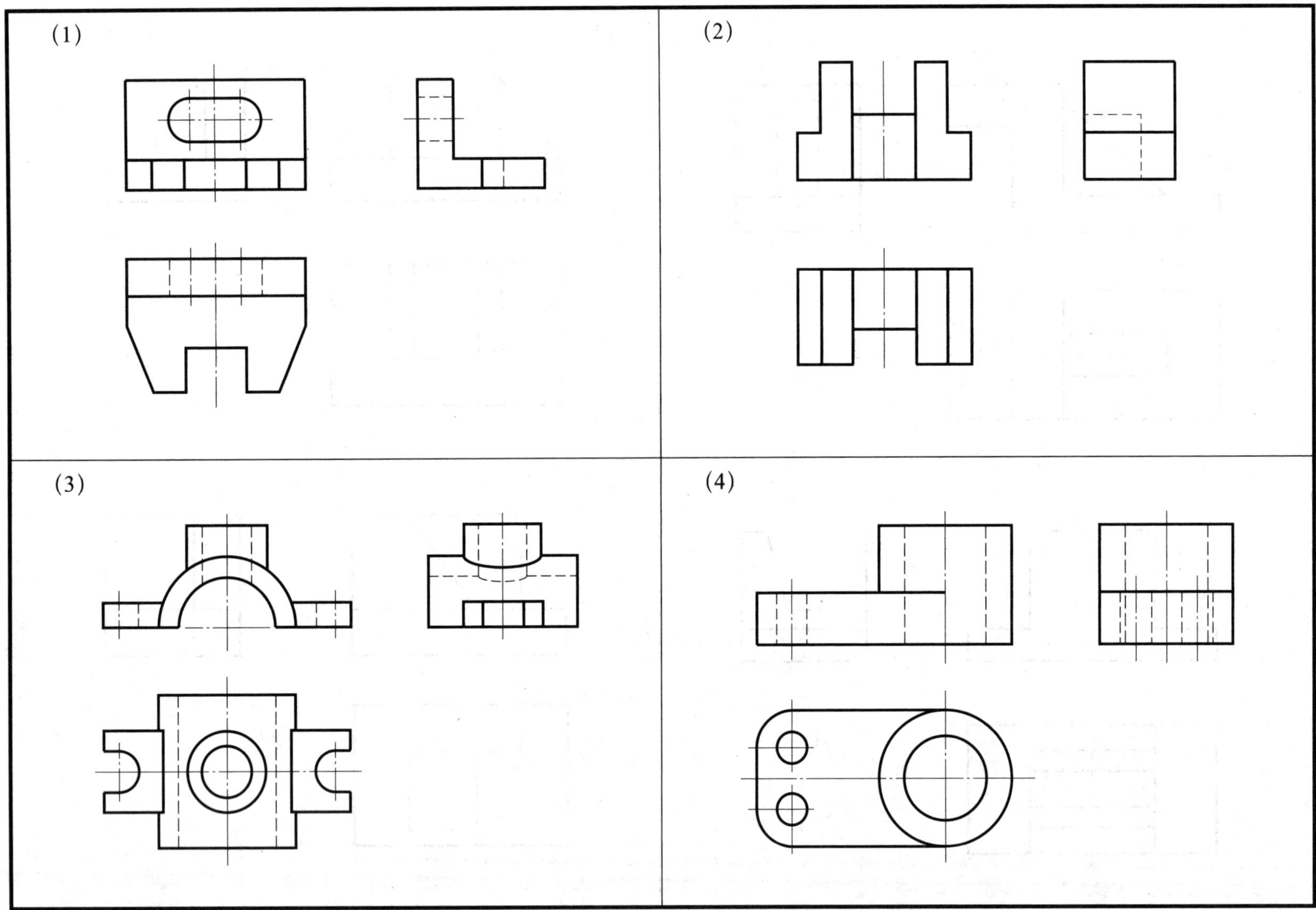

第四章　机件的表达方法

§4—1　视　　图

4—1—1　根据已知视图，按要求绘制其他视图

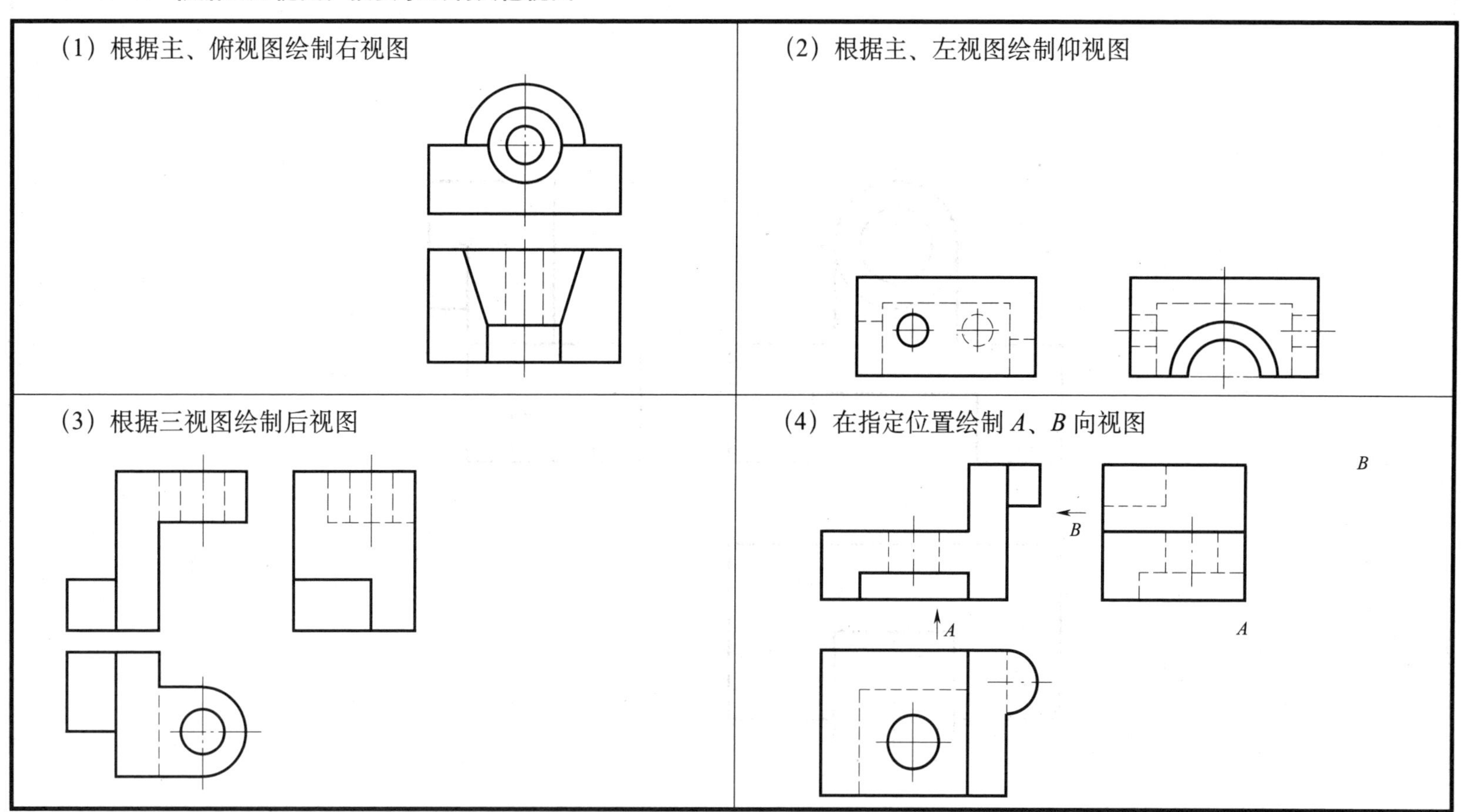

4—1—2　根据主、俯、左三视图，补画右、后、仰视图

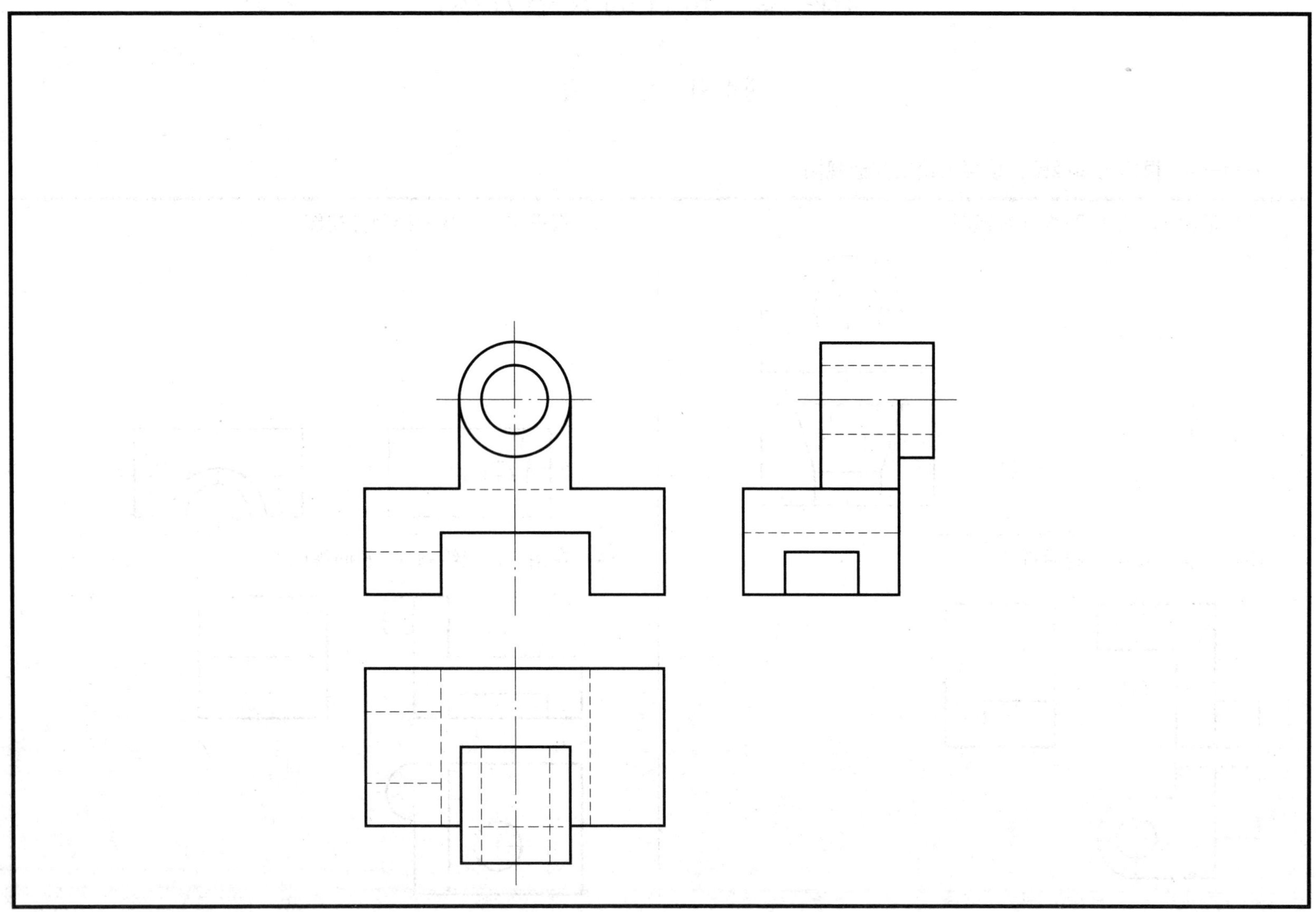

4—1—3 辨认和绘制向视图

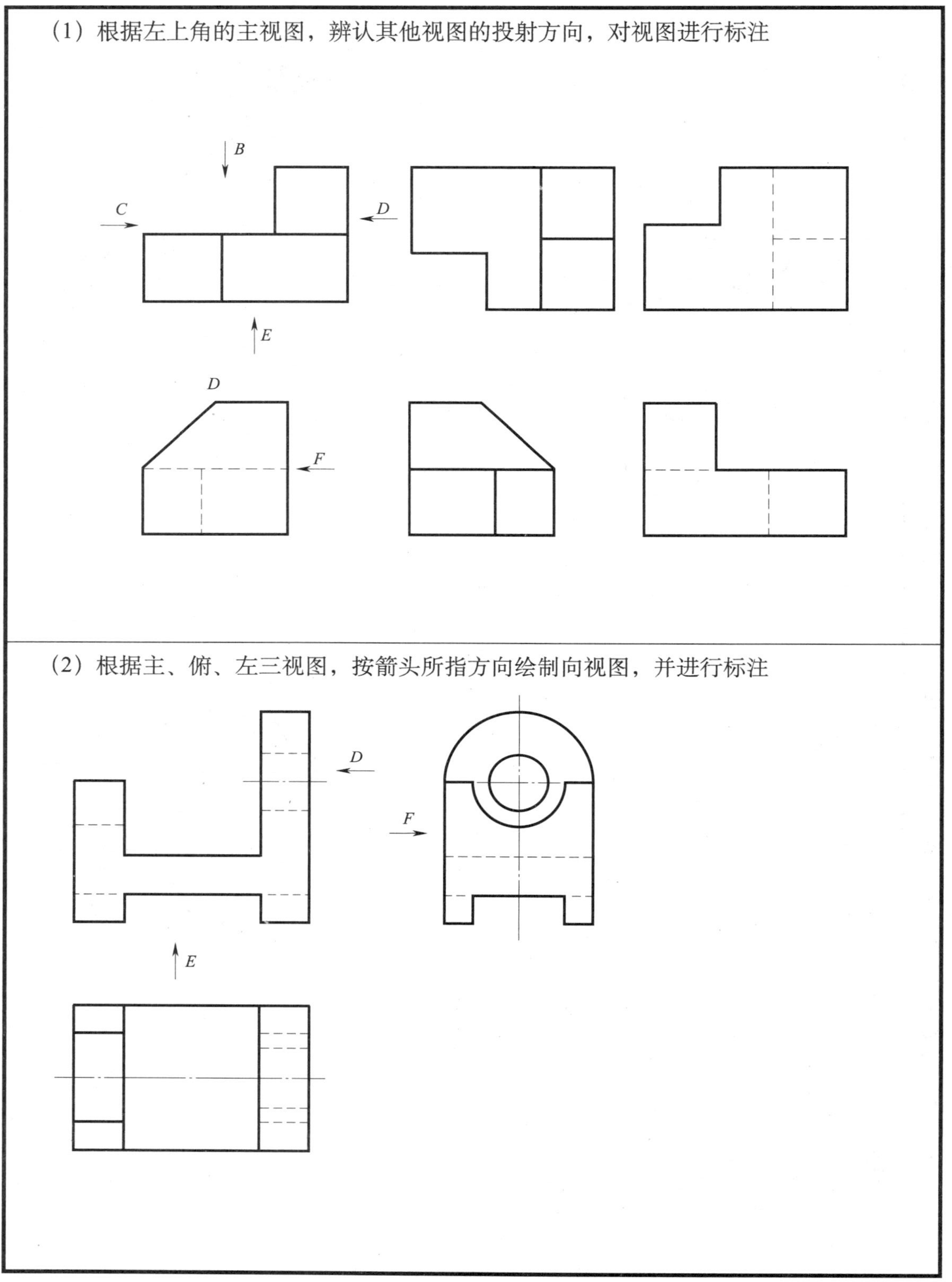

4—1—4　根据主视图和轴测图，补画斜视图和局部视图（宽度尺寸从轴测图中量取）

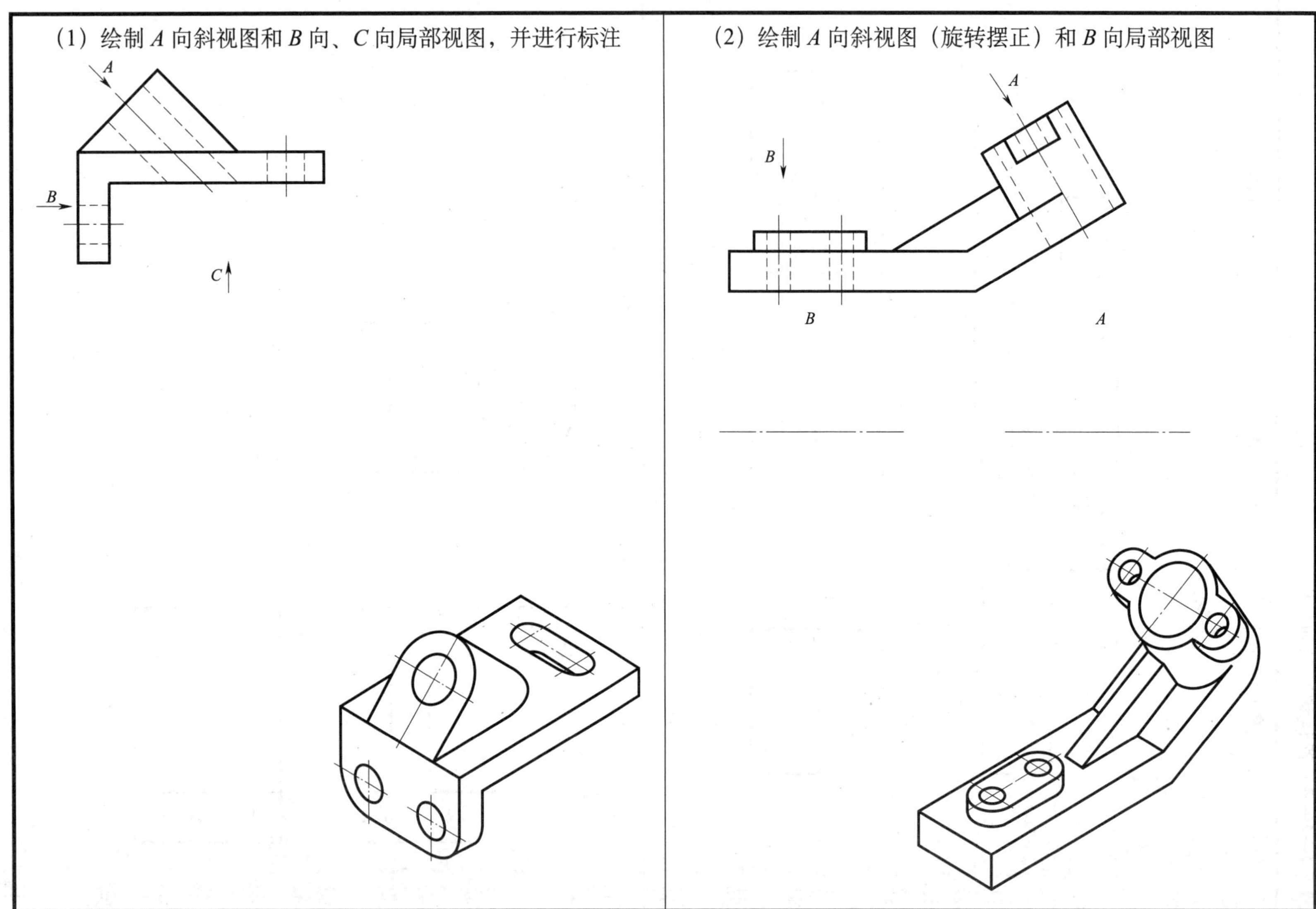

4—1—5　绘制局部视图和斜视图

(1) 根据主、俯视图绘制 *A* 向局部视图和 *B* 向斜视图

(2) 根据主、俯视图绘制 *B* 向局部视图和 *A* 向斜视图

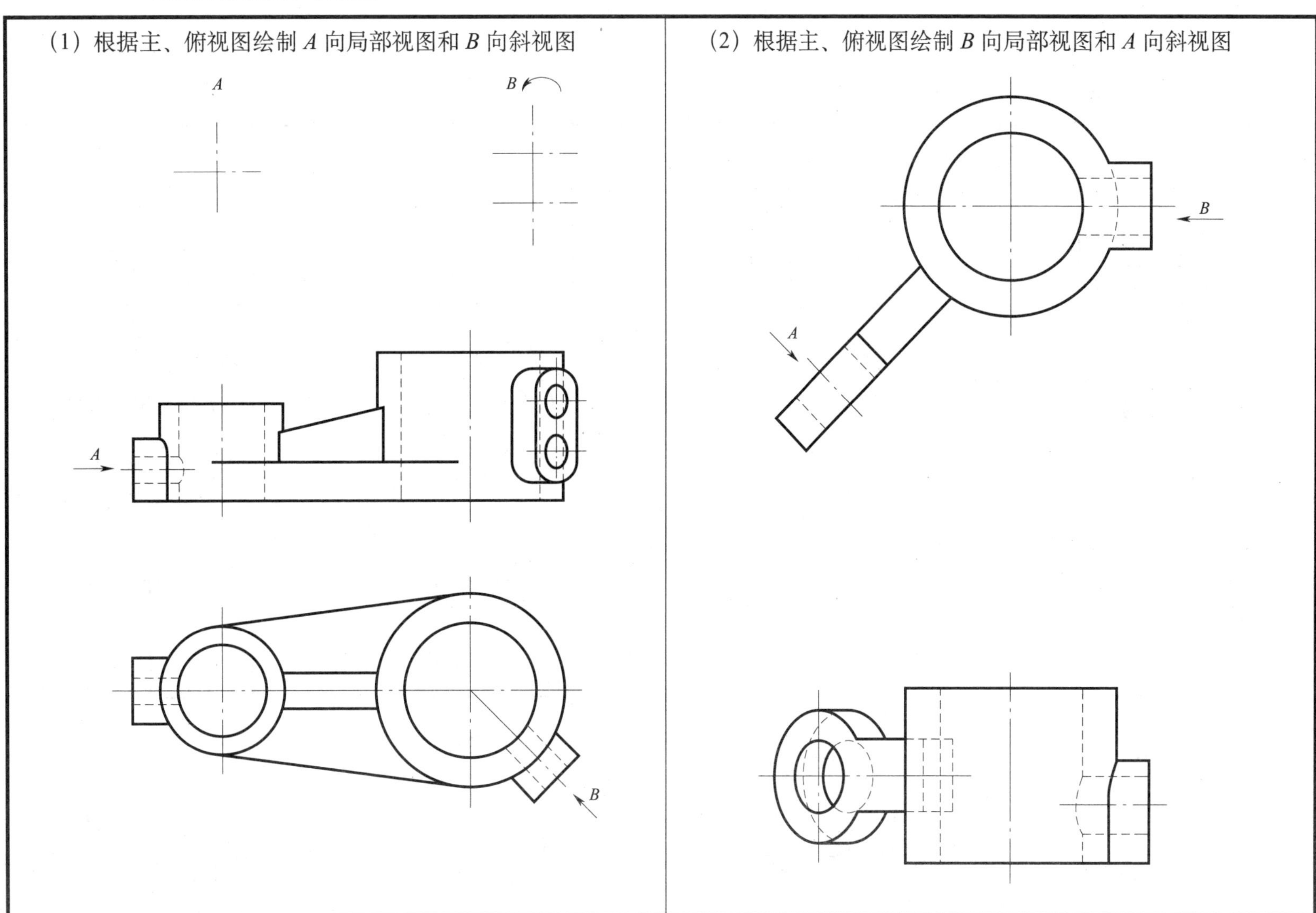

§4—2 剖 视 图

4—2—1 补画全剖主视图上的缺线

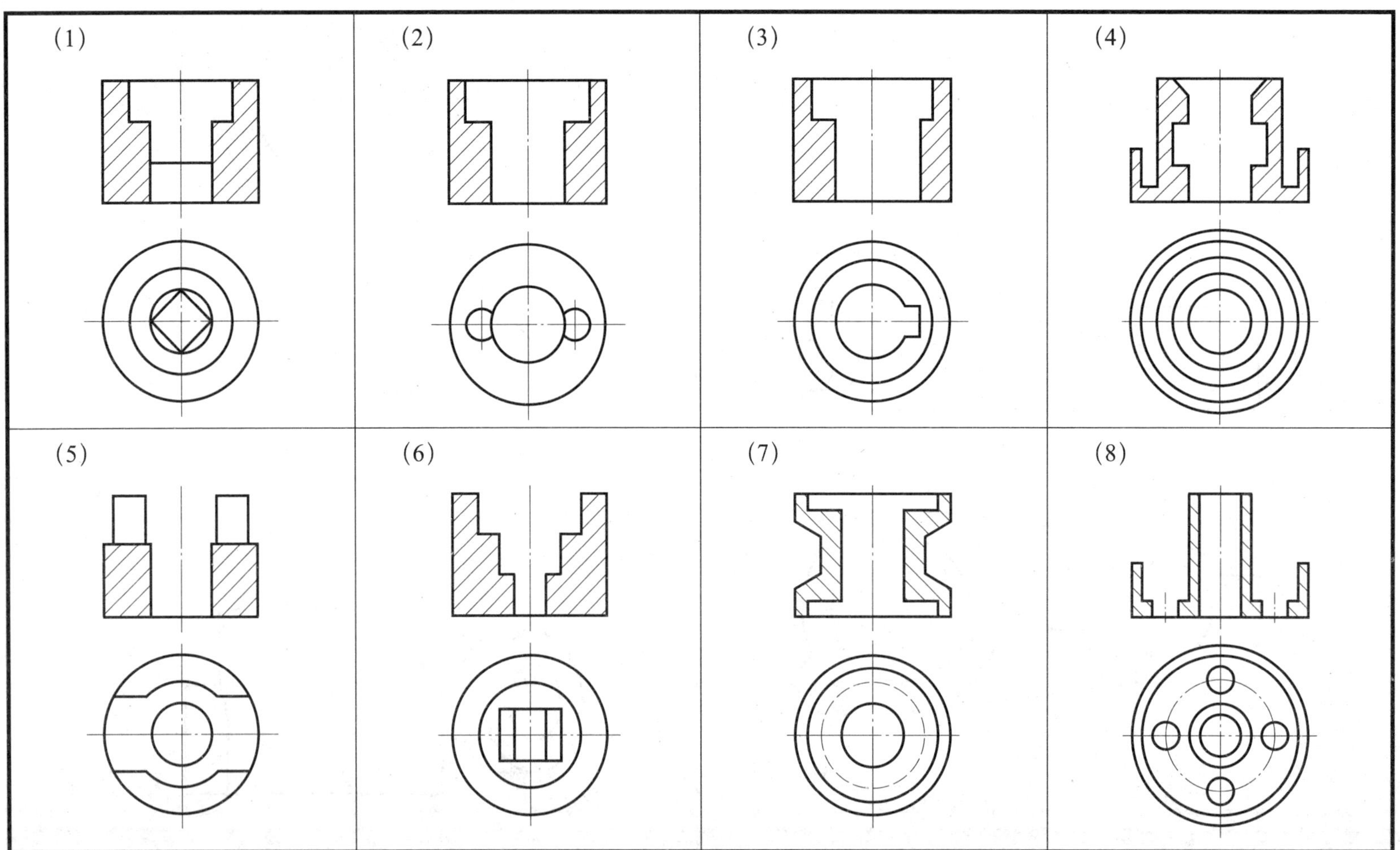

4—2—2 将零件的主视图画成全剖视图

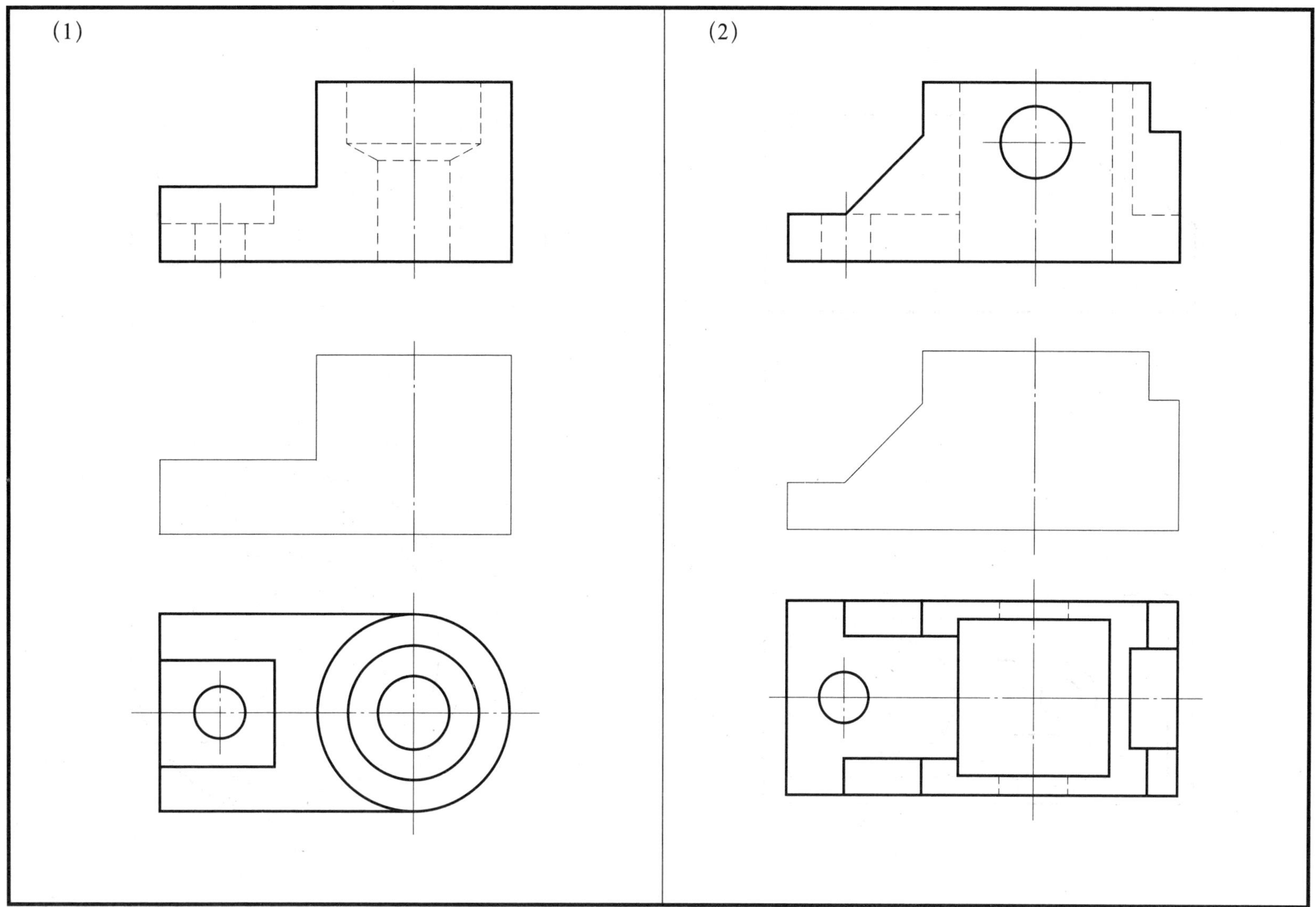

4—2—3　将零件的主视图画成全剖视图

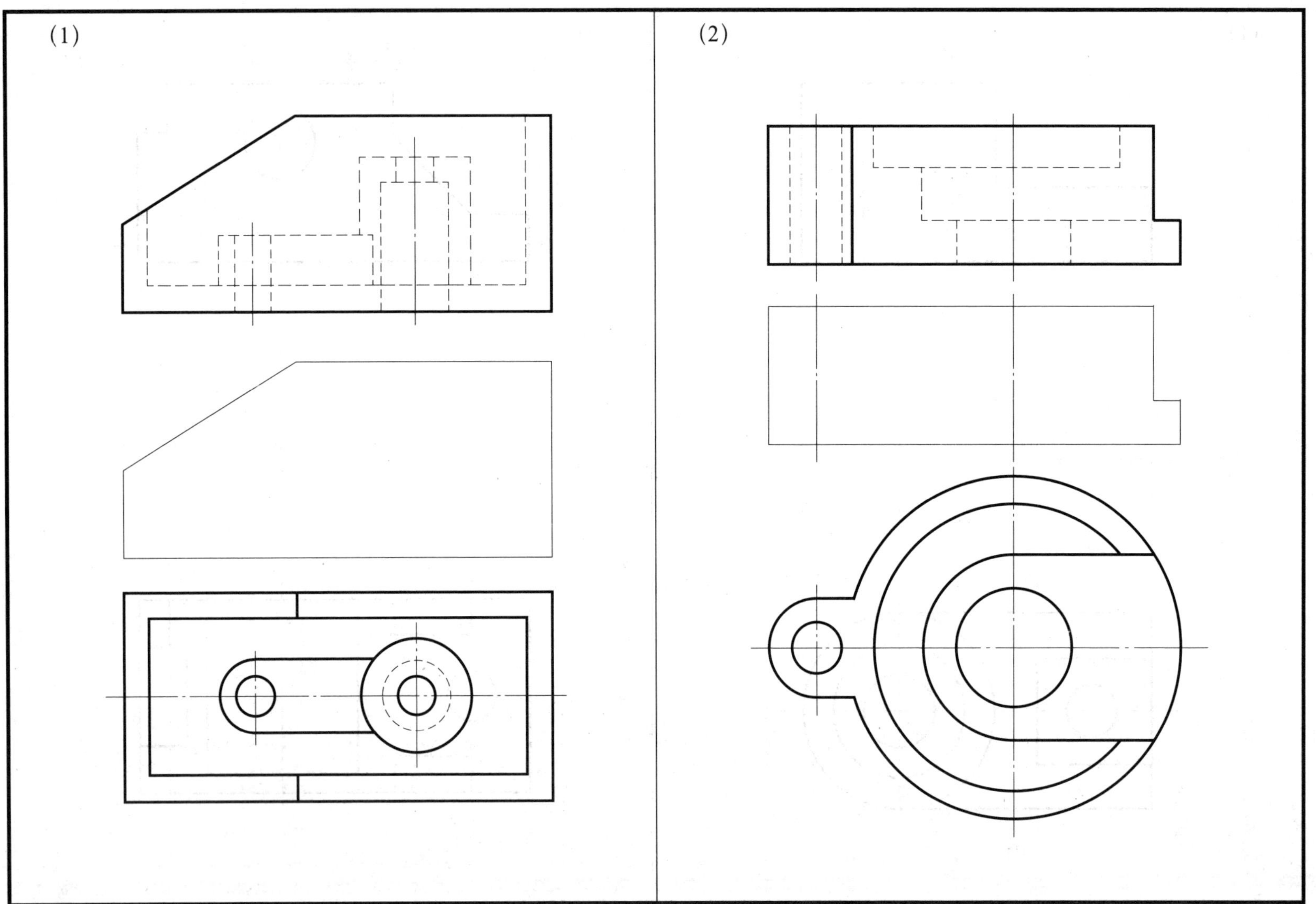

4—2—4　将零件的主视图画成全剖视图（采用规定画法）

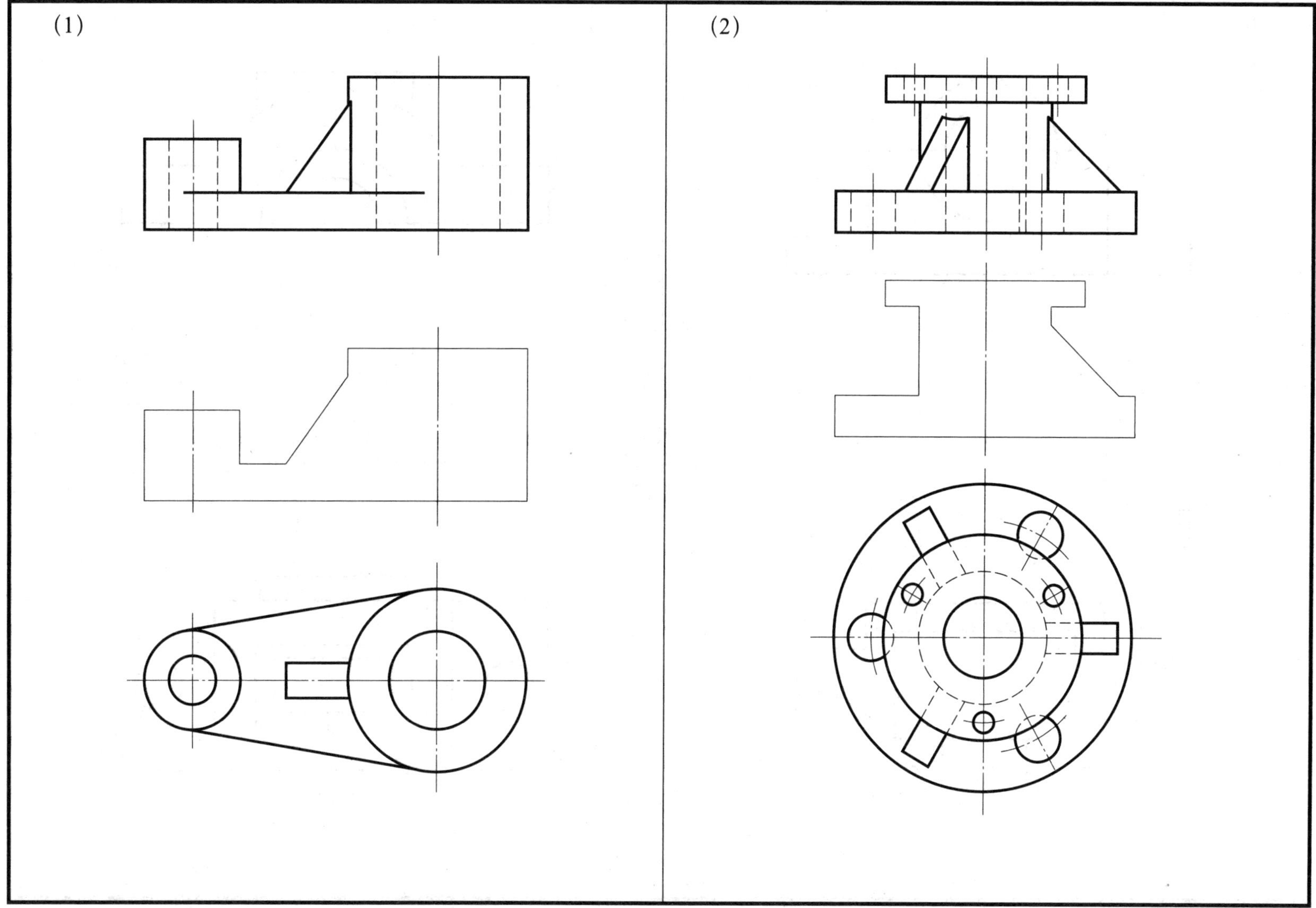

4—2—5　将零件的主视图画成半剖视图

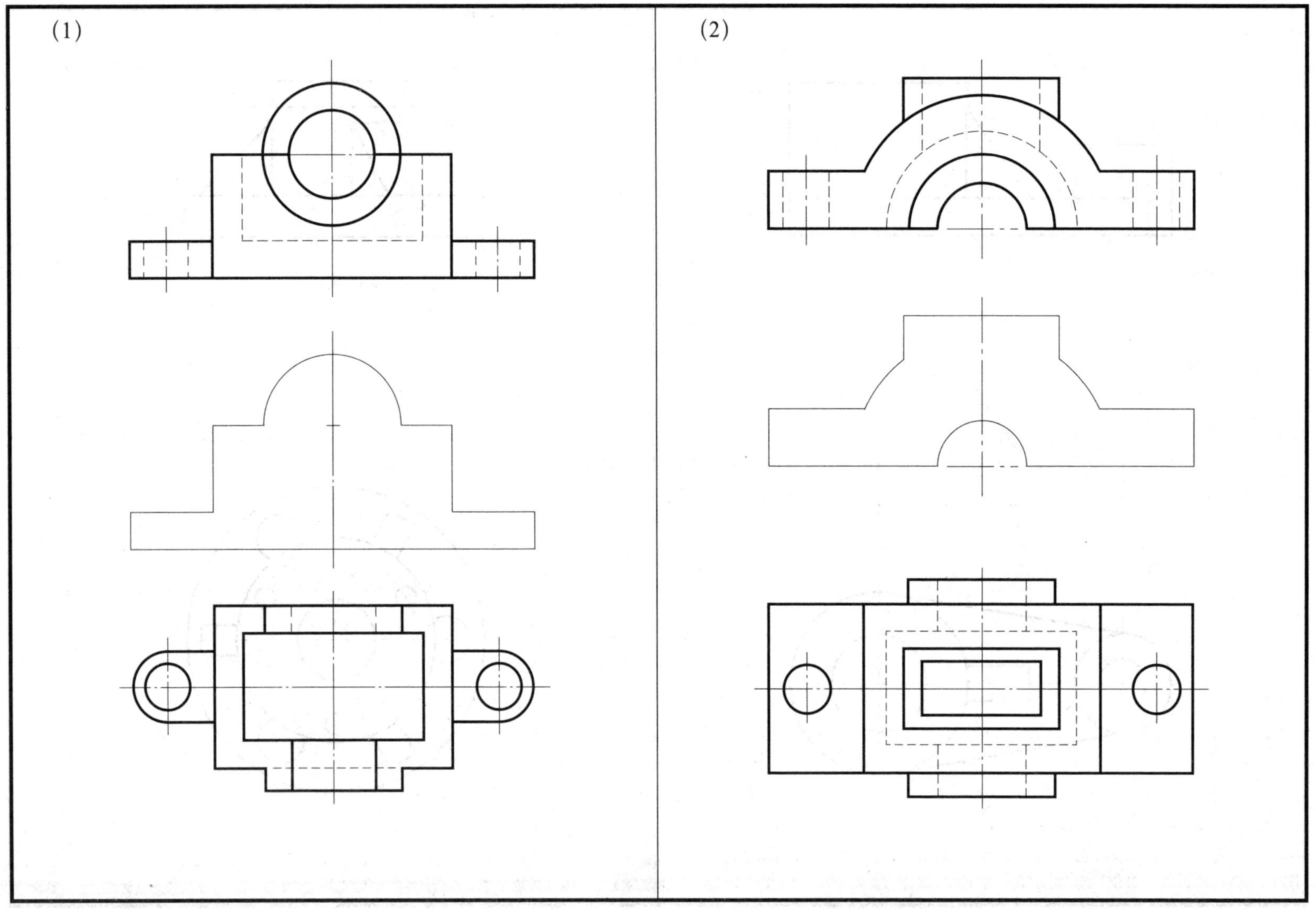

4—2—6　将零件的主视图画成半剖视图，并绘制全剖的左视图

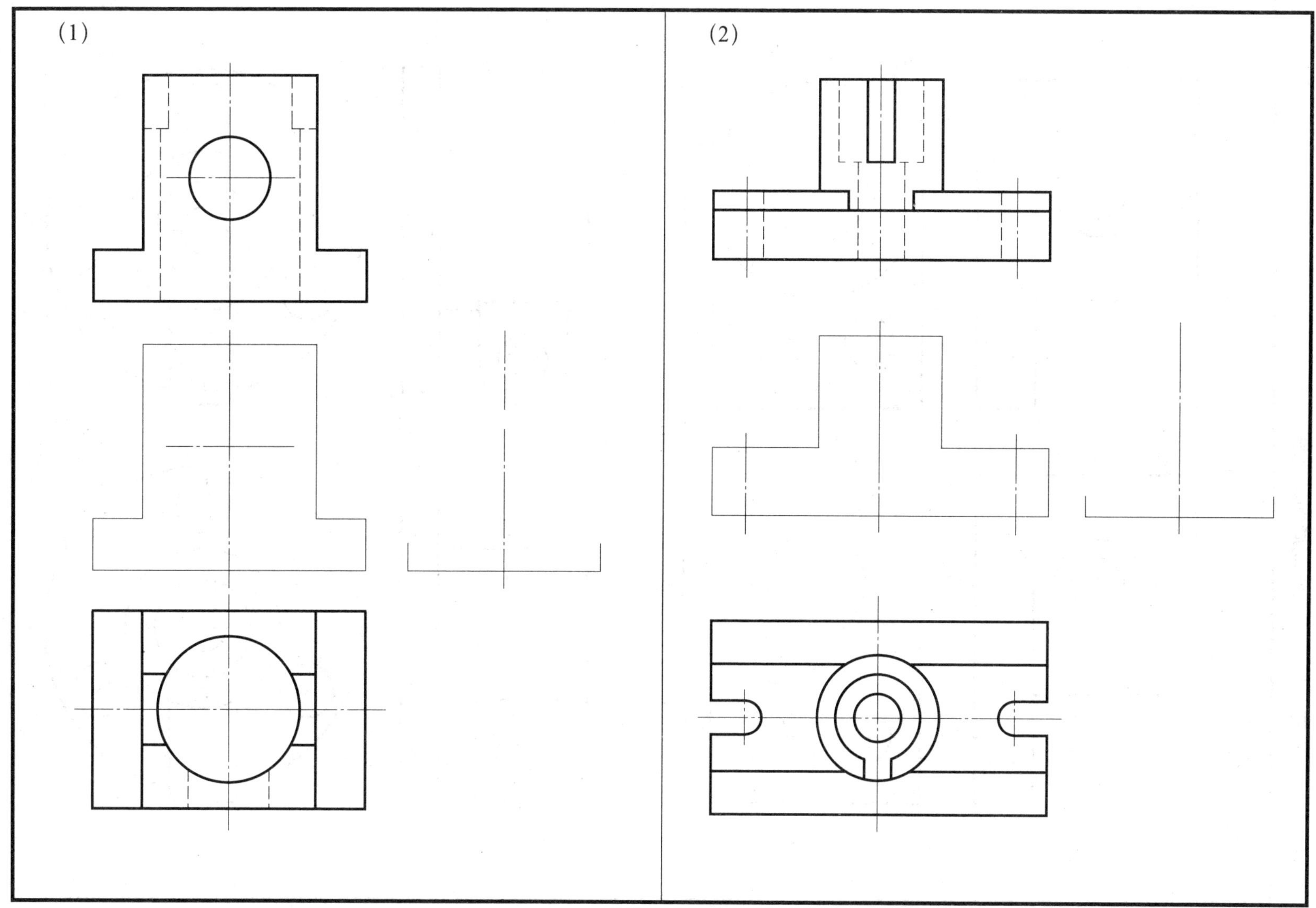

4—2—7 将主、俯视图改画成局部剖视图

(1)

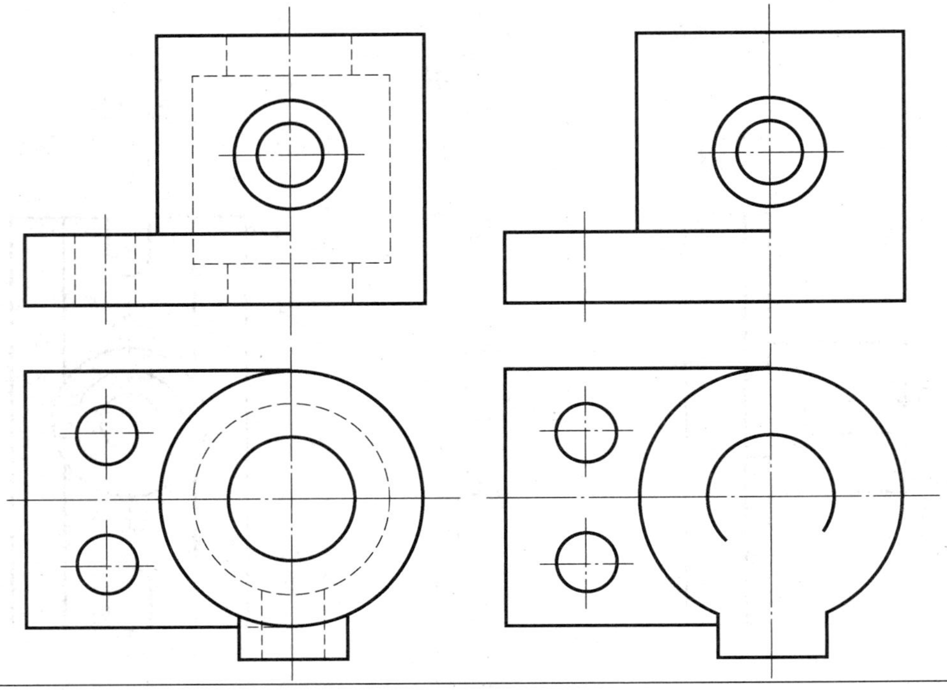

(2)

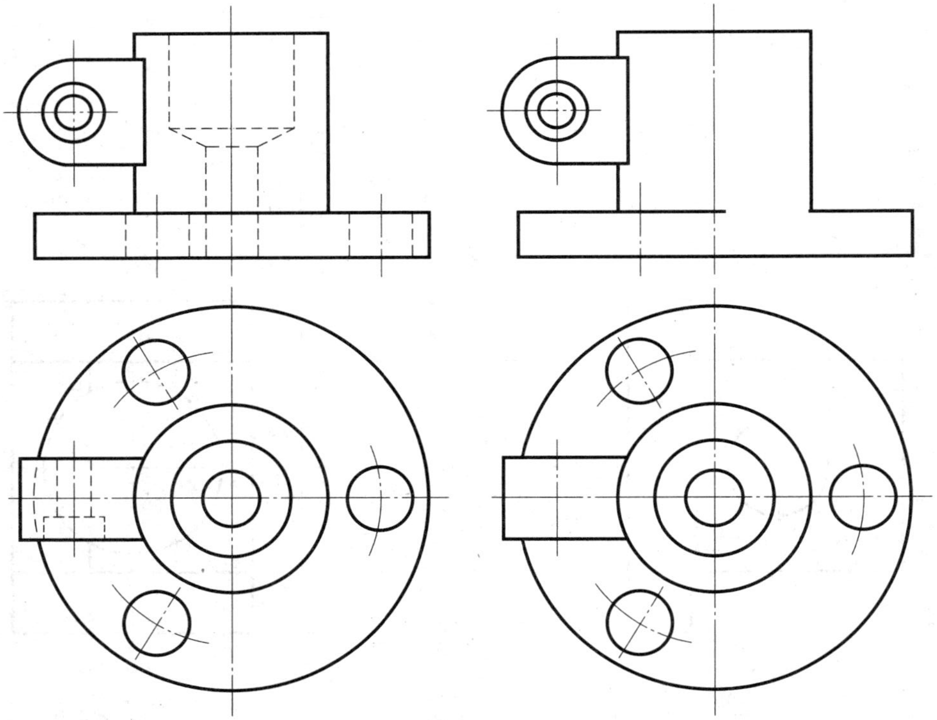

4—2—8　绘制 *A*—*A*（倾斜剖切平面）和 *B*—*B* 全剖视图，并进行标注

(1)

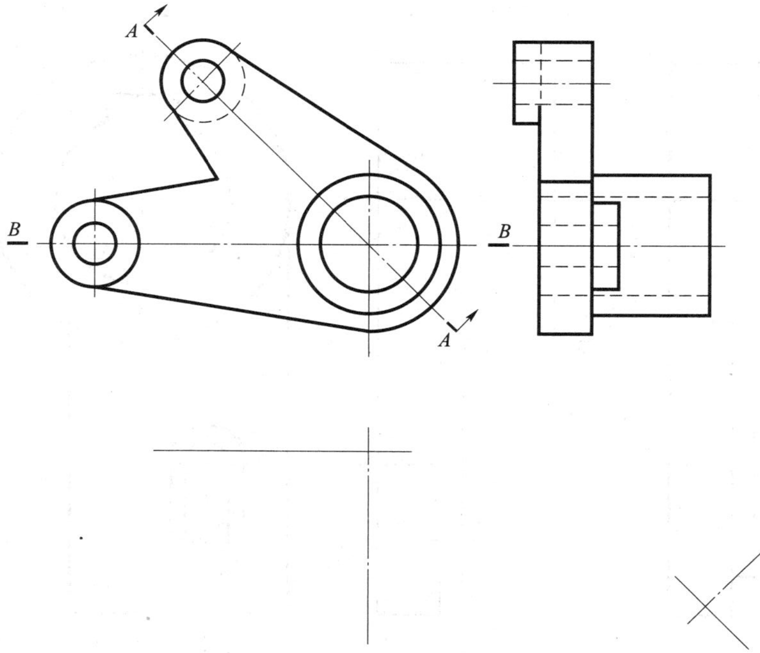

(2)

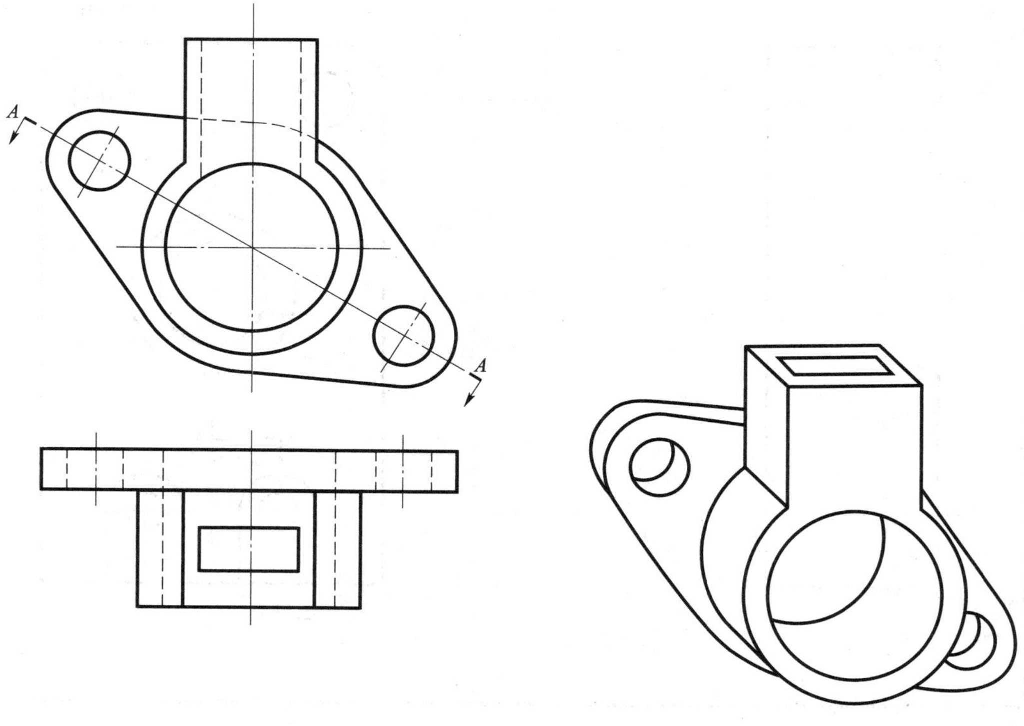

4—2—9　将主视图改画成用平行剖切平面剖切的全剖视图

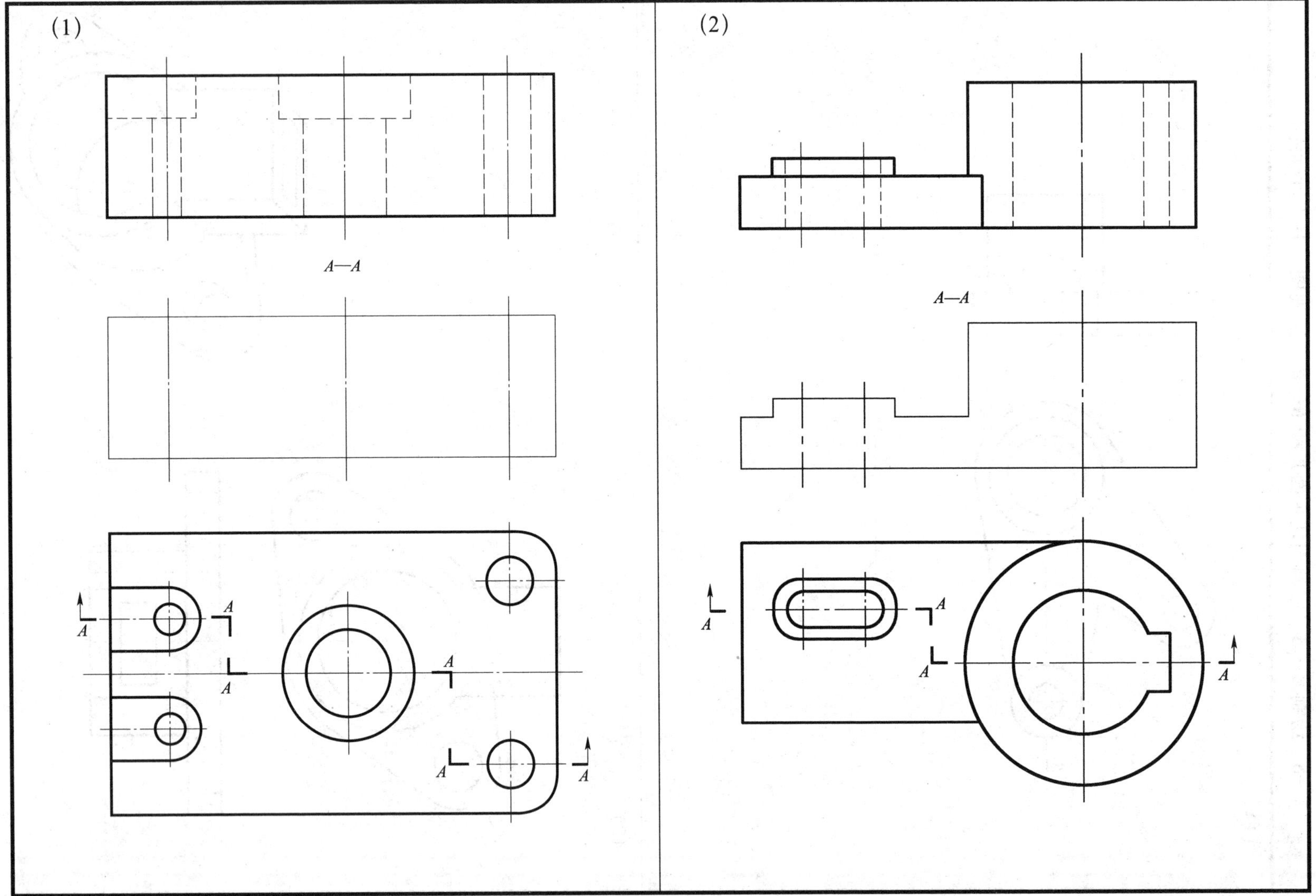

4—2—10　将主视图改画成用两相交剖切平面剖切的全剖视图

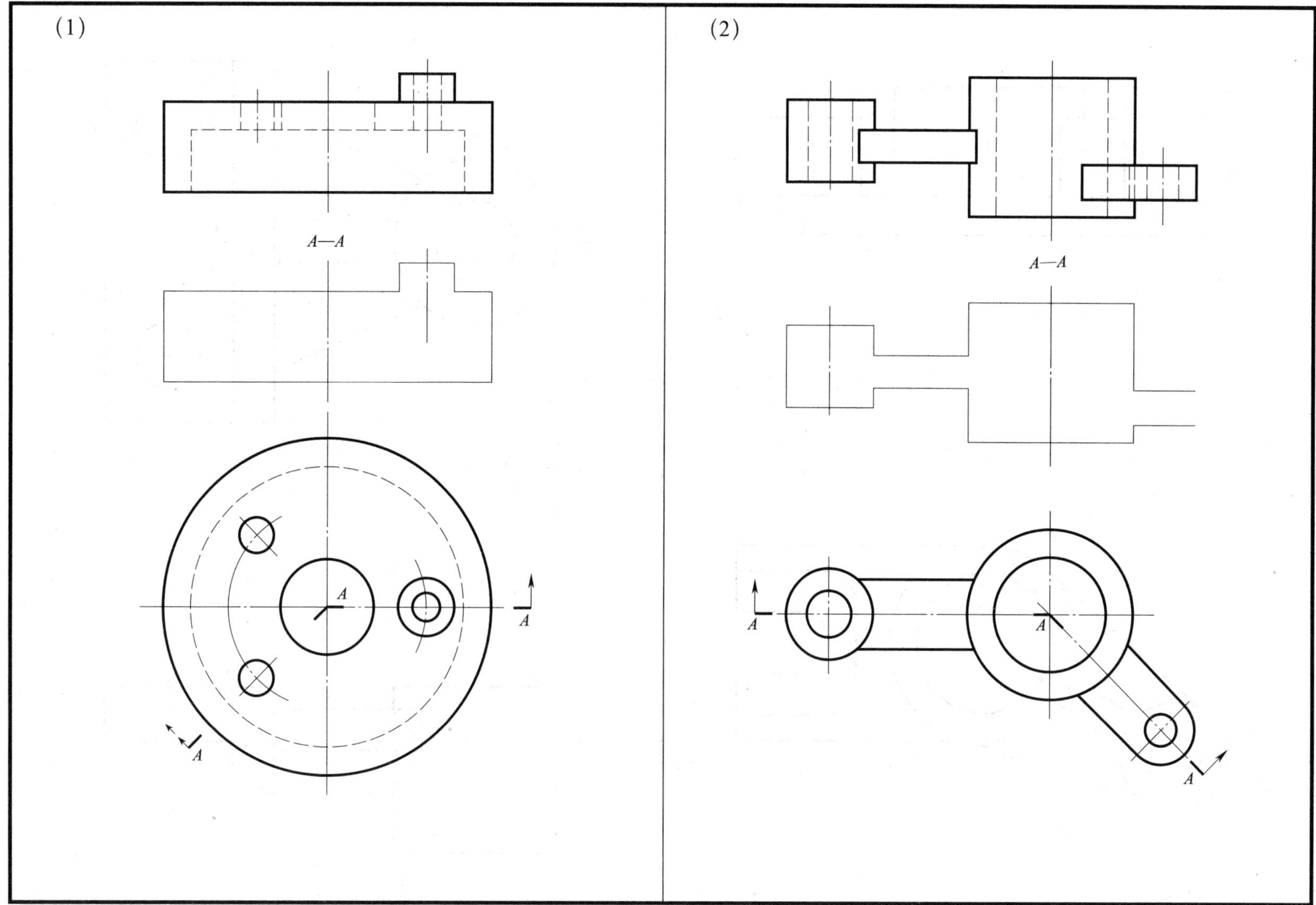

4—2—11　在指定位置绘制全剖视图

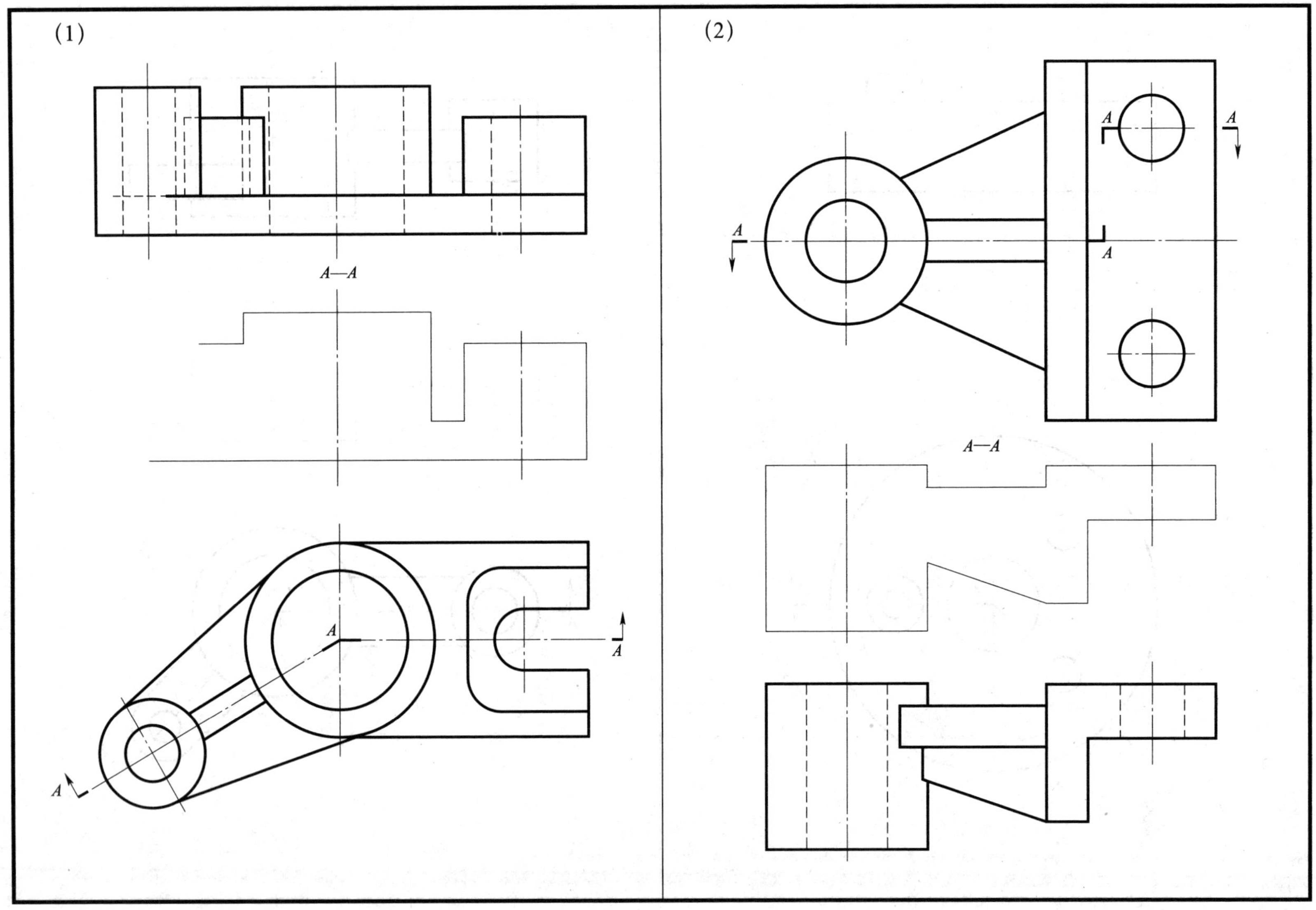

§4—3 断面图

4—3—1 画出移出断面图

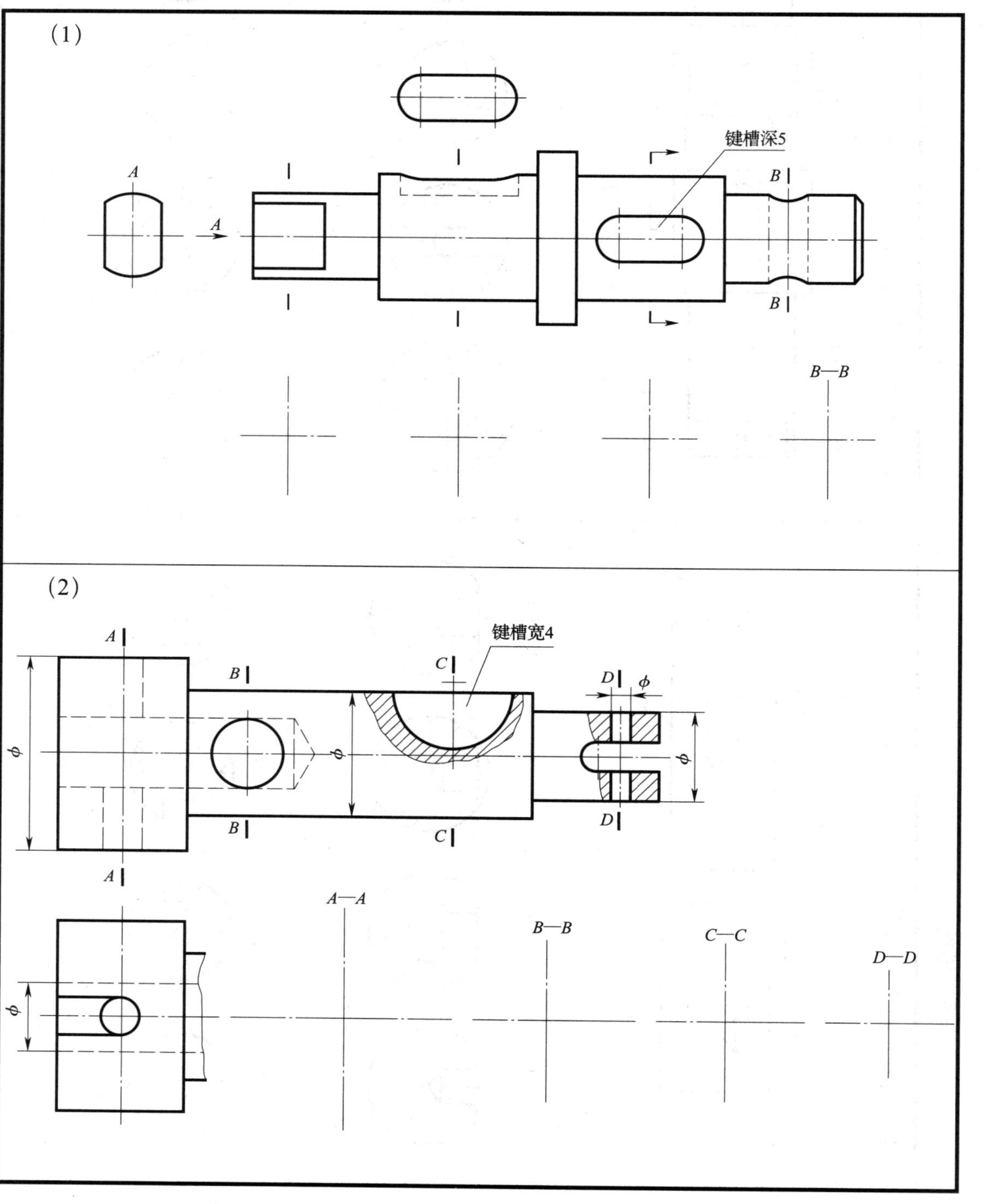

4—3—2　选择断面图

(1) 选择正确的断面图，在括号内画“√”
A
A
B
B
A—A
A—A
A—A
A—A
(　　)
(　　)
(　　)
(　　)
B—B
B—B
B—B
B—B
(　　)
(　　)
(　　)
(　　)
(2) 在相应的断面图上标注断面图名称
A
B
C
D
E
F
G
H
A
B
C
D
E
F
G
H

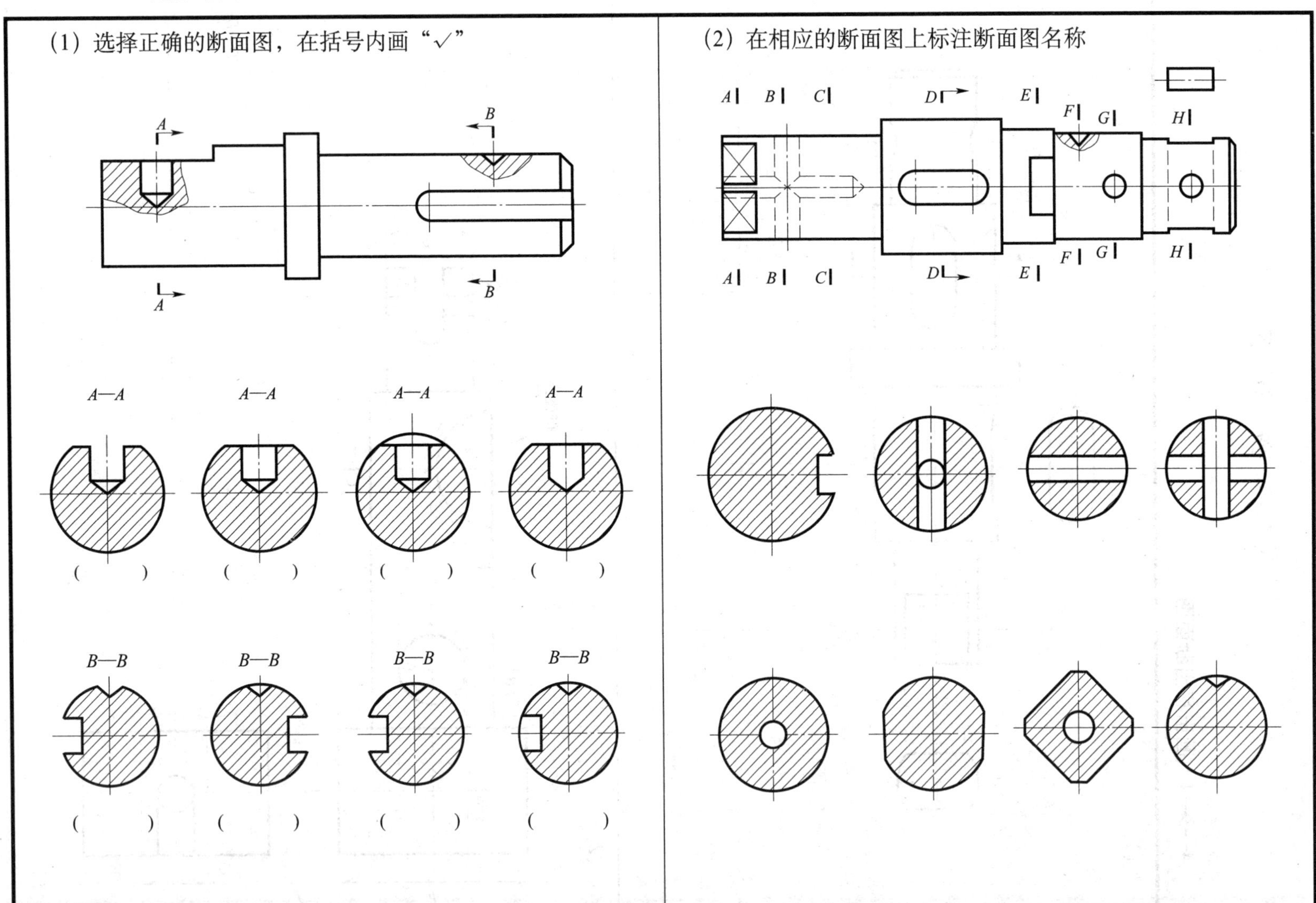

4—3—3　在主视图上绘制重合断面图

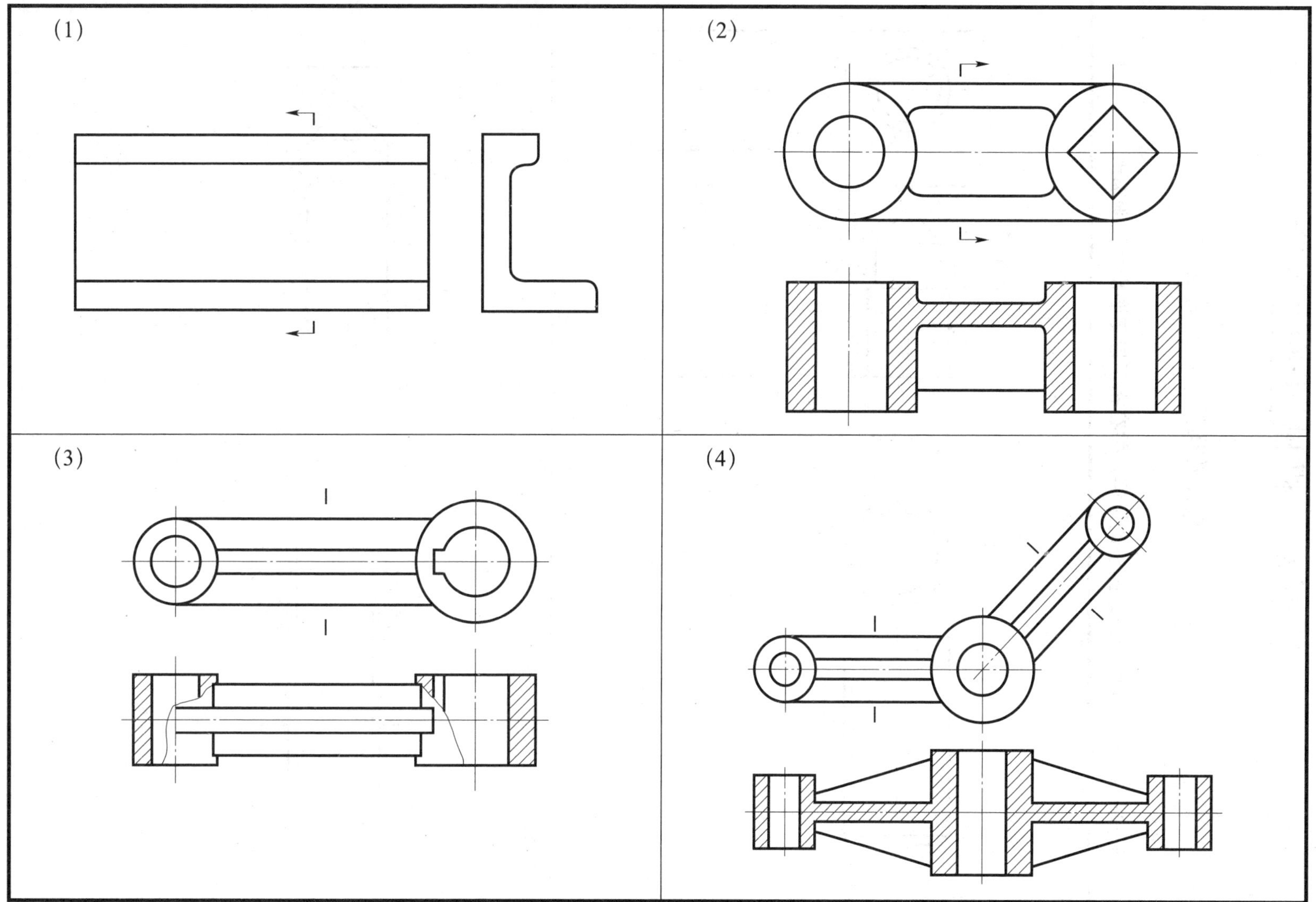

第五章　机械图样的识读

§5—1　螺纹及螺纹紧固件的画法

5—1—1　指出视图中螺纹画法的错误，并在指定位置画出其正确图形

(1)

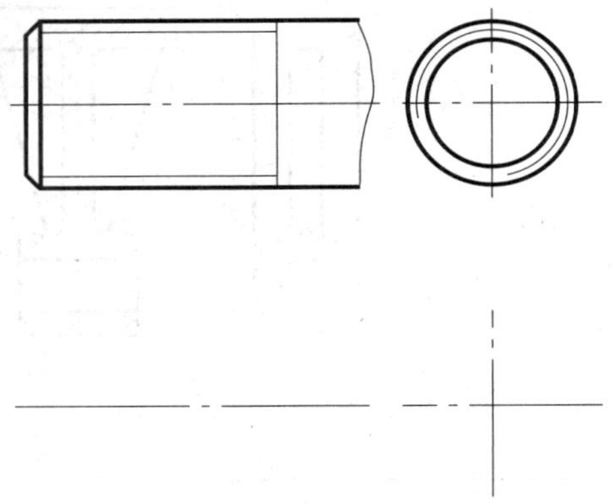

(2)

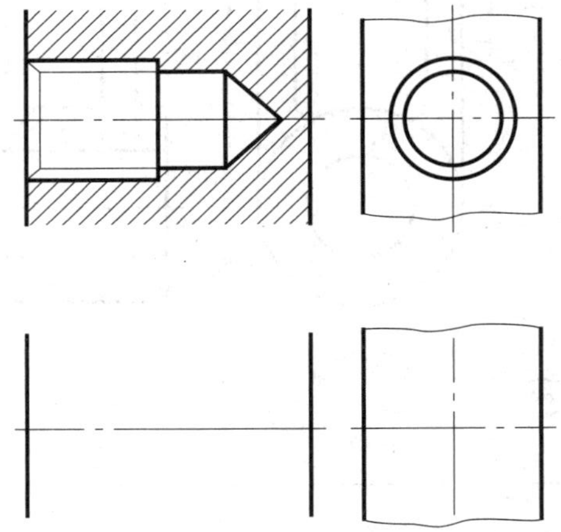

(3)

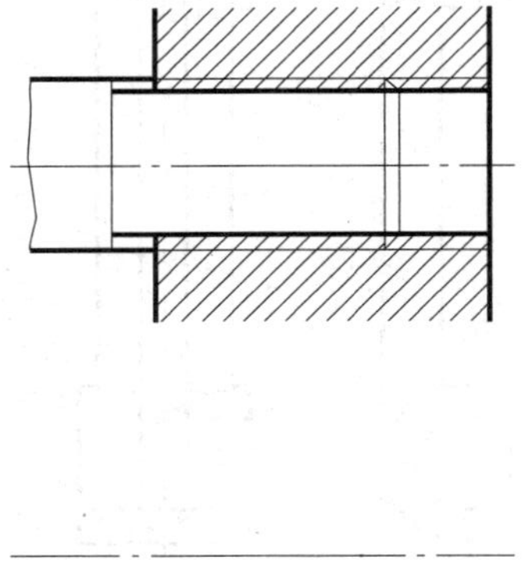

(4)

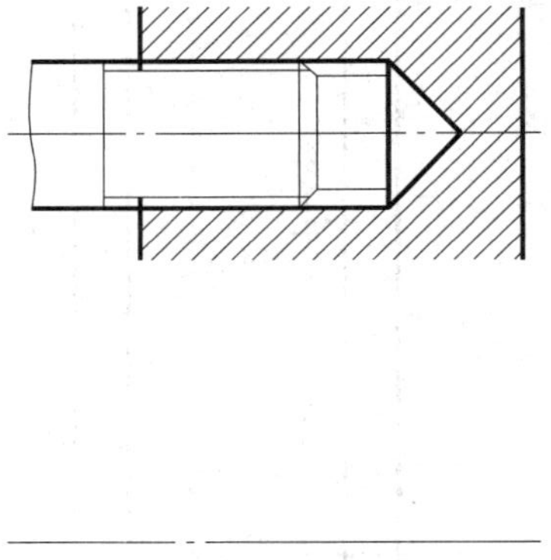

5—1—2　补全螺栓和螺钉连接图

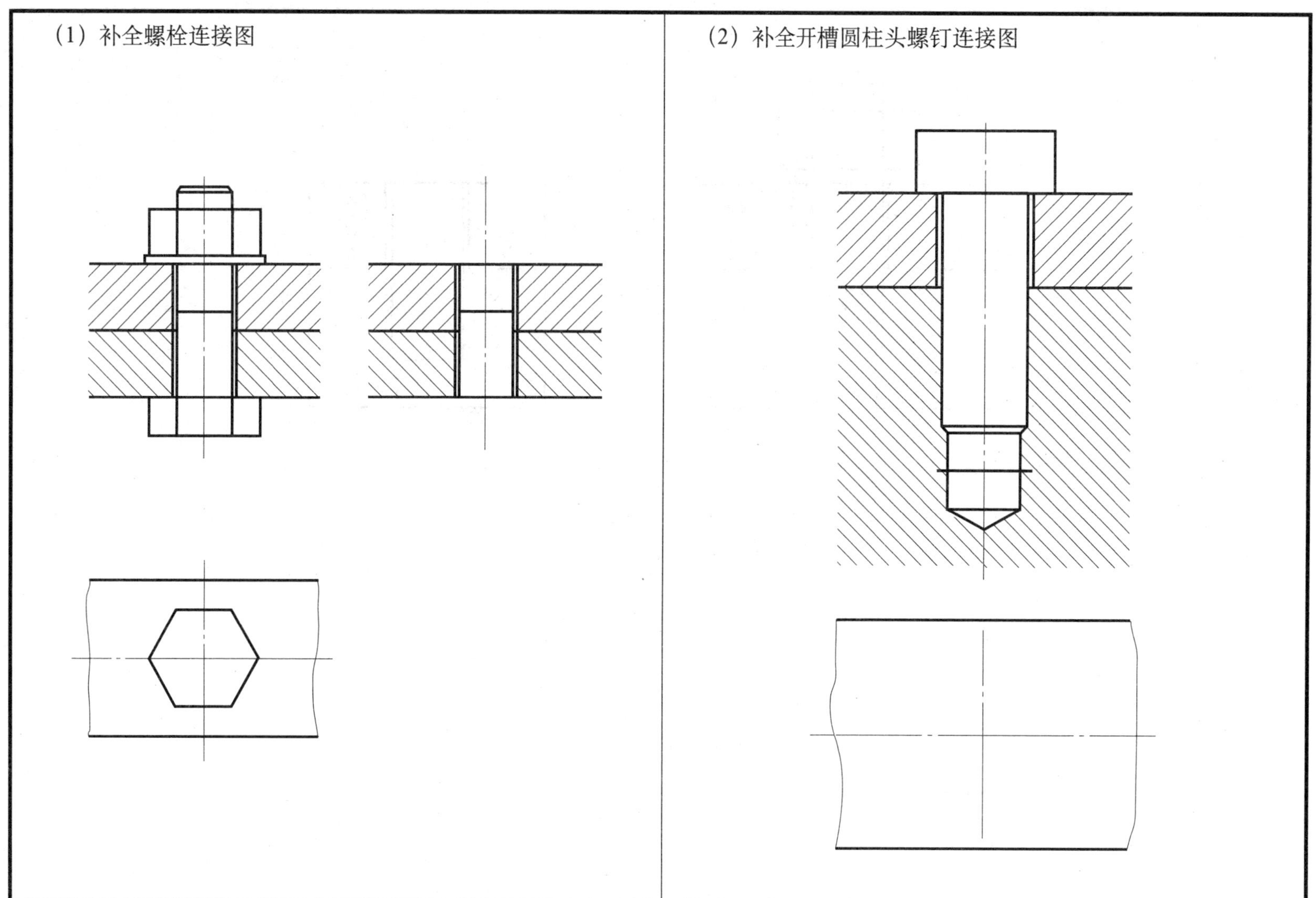

5—1—3　补全双头螺柱连接图

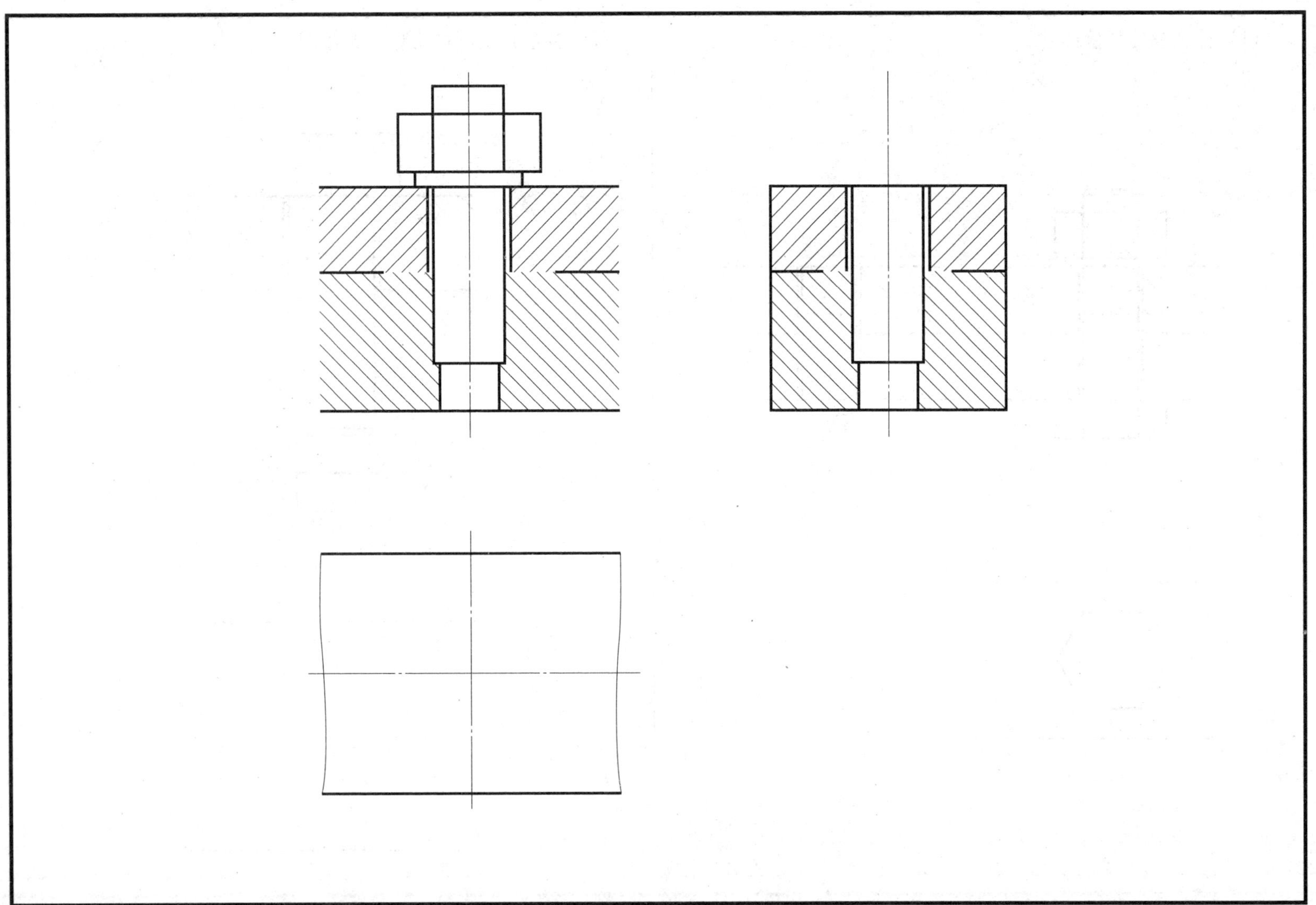

§5—2　齿轮的画法

5—2—1　已知直齿圆柱齿轮的模数为 3.5 mm、齿数为 32，试计算齿轮的有关尺寸，并完成齿轮两视图（绘图比例 1∶1）

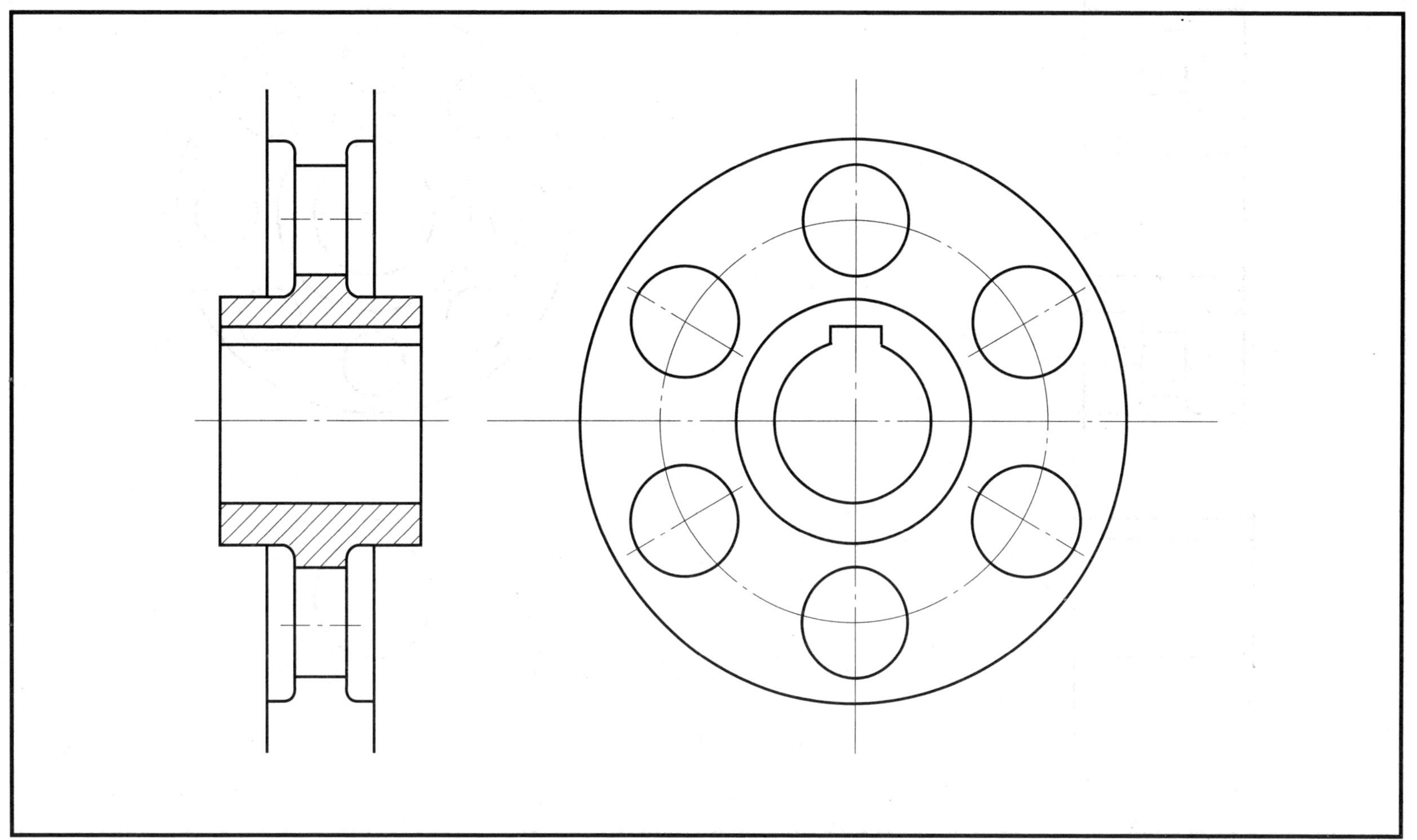

5—2—2 完成齿轮啮合图

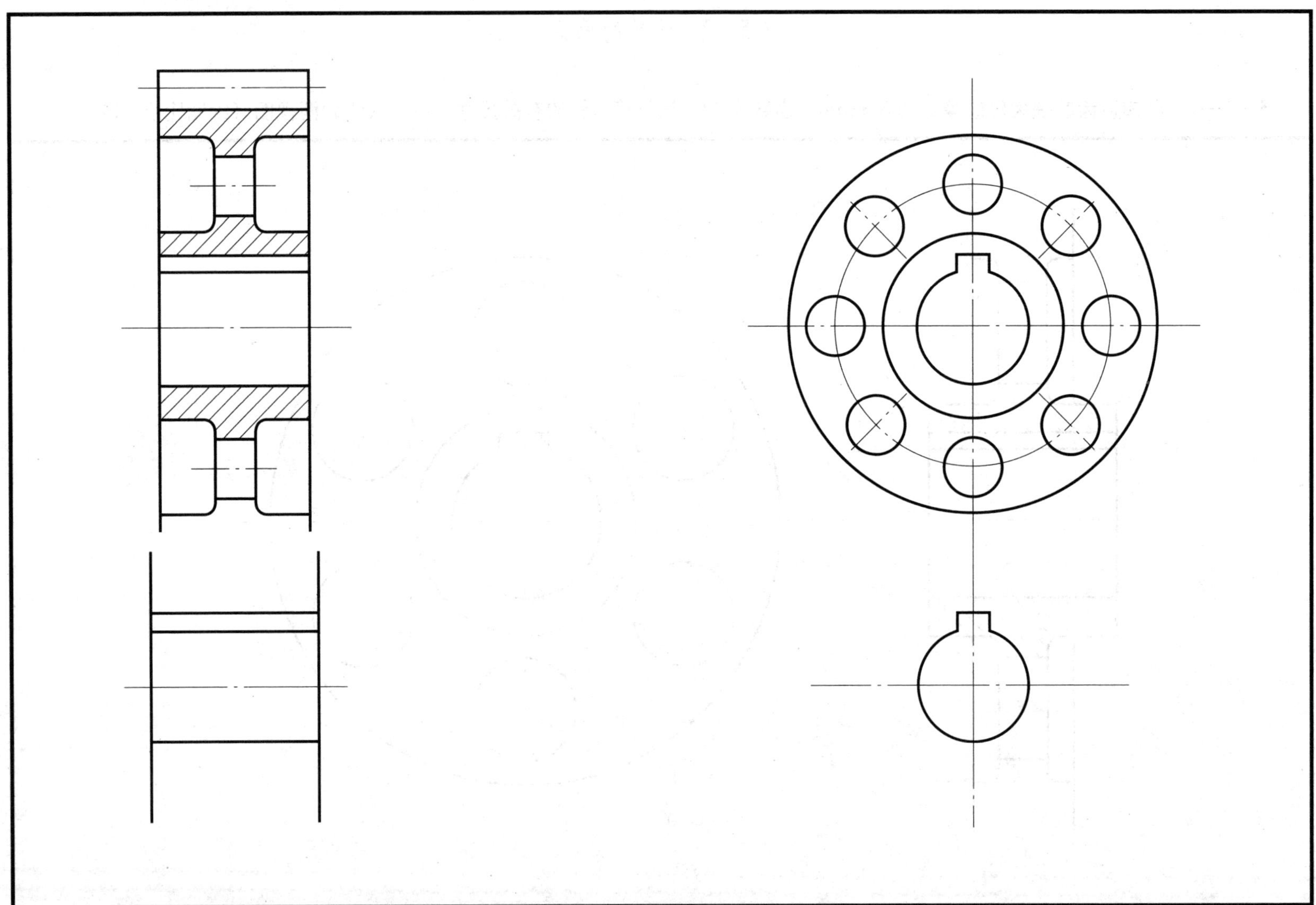

5—2—3　补全圆锥齿轮啮合图

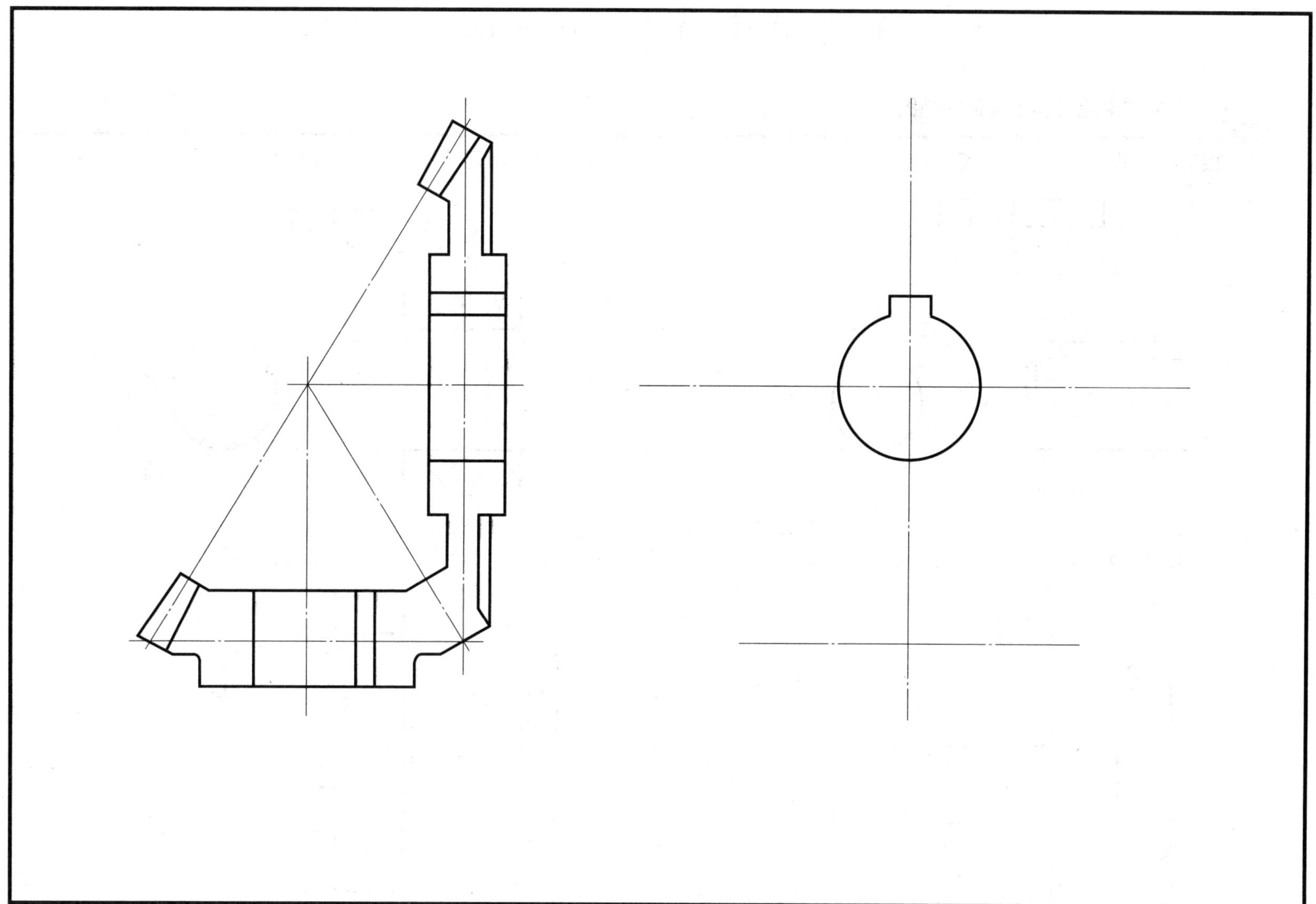

§5—3 键、销、滚动轴承及弹簧的画法

5—3—1　完成键连接和销连接的视图

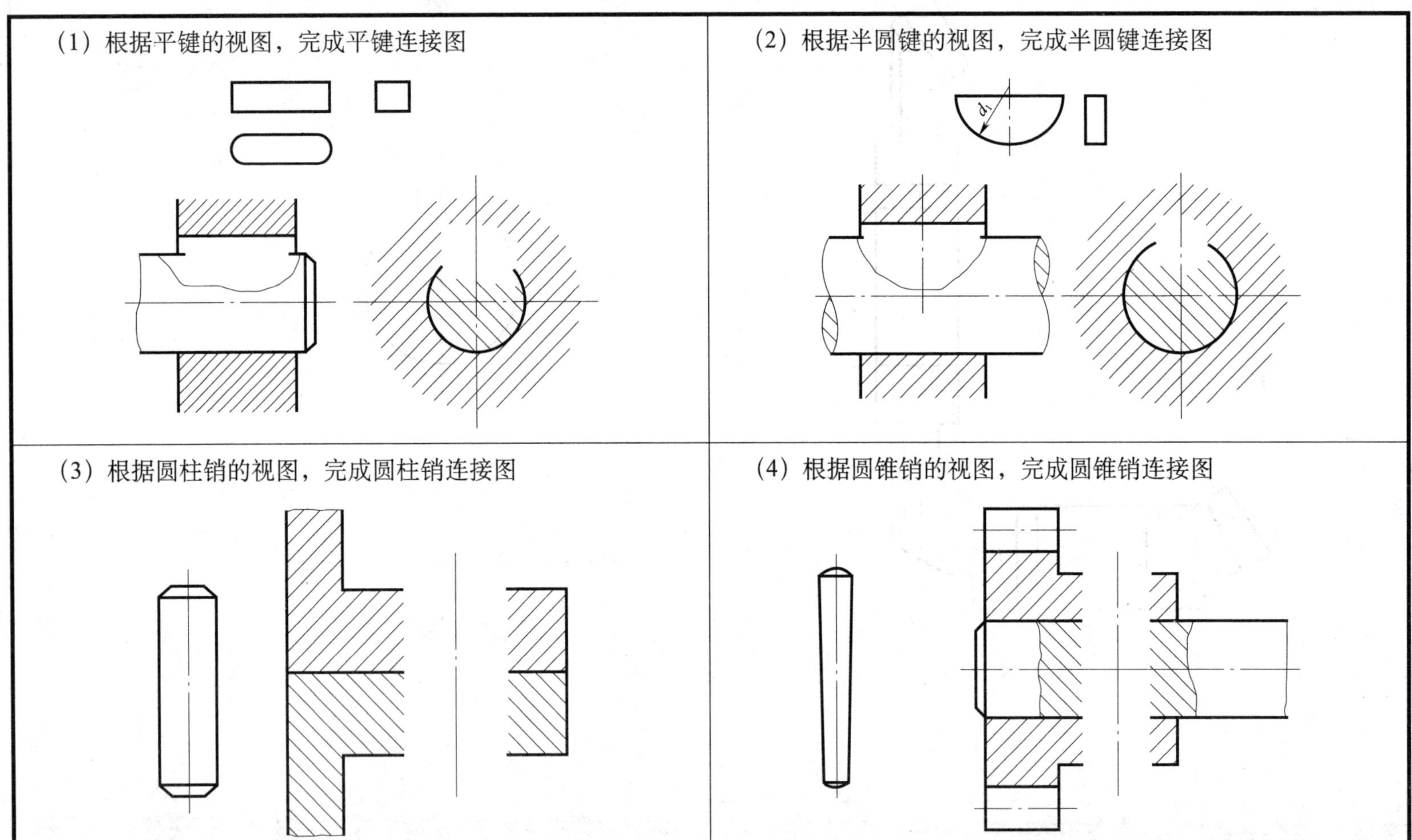

5—3—2　完成滚动轴承和弹簧的视图

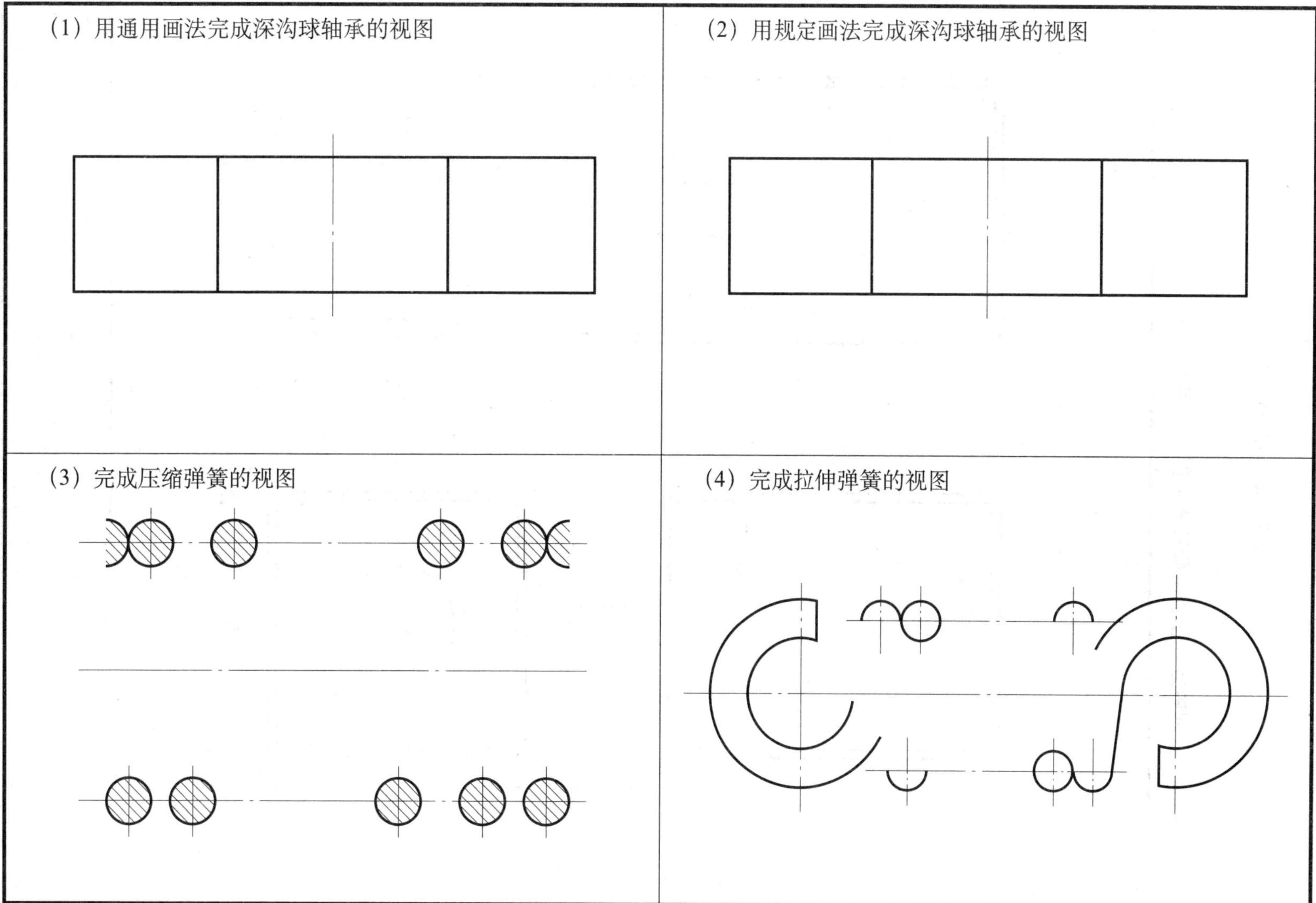

§5—4 识读零件图

5—4—1 识读中频变压器屏蔽罩零件图，并回答问题

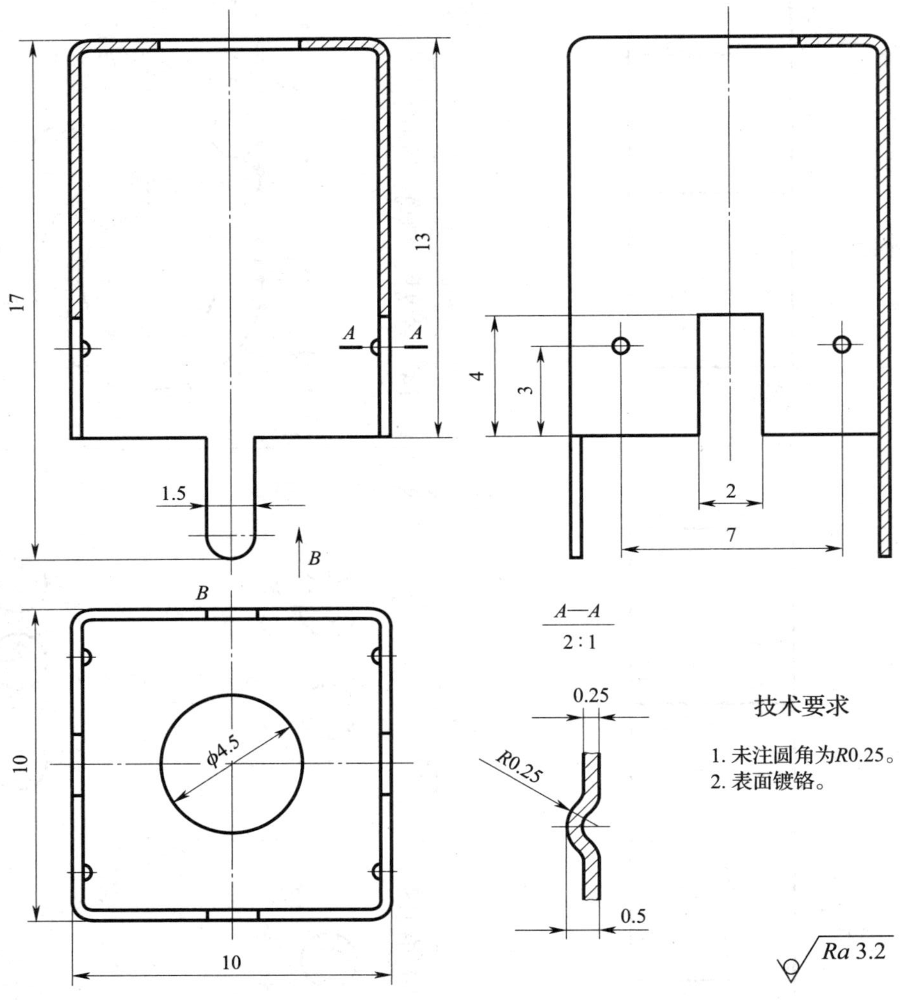

技术要求

1. 未注圆角为$R0.25$。
2. 表面镀铬。

设计		（年月日）	H62		（单位名称）
审核			比例	4:1	中频变压器屏蔽罩
工艺			共 张 第 张		（图样代号）

5—4—1（续）

（1）该零件图共用了__________个基本视图表达其结构，分别是__________视图（采用__________剖视图）和__________视图（采用__________剖视图)。在主视图下方的视图是__________视图。

（2）该零件采用的材料为__________，厚度为__________mm。

（3）在零件的左右壁上有四个小凹坑，它们的定形尺寸是__________mm 和__________mm，定位尺寸是__________mm 和__________mm。

（4）零件下方有两个插脚，其定形尺寸是__________mm 和__________mm。

（5）零件下方有两个方槽，其定形尺寸是__________mm 和__________mm。

（6）零件上方有一个圆孔，其定形尺寸是__________mm。

（7）该零件的总长为__________mm，总宽为__________mm，总高为__________mm。

（8）该零件长方体内腔的长为__________mm，宽为__________mm，高为__________mm。

（9）该零件上有许多小圆角，在视图上没有标注尺寸，其圆弧半径应该是__________mm。

（10）该零件的表面结构要求是____________。

（11）该零件的表面处理要求是____________。

（12）在空白处绘制俯视图。

5—4—2　识读旋塞阀的阀杆零件图，并回答问题

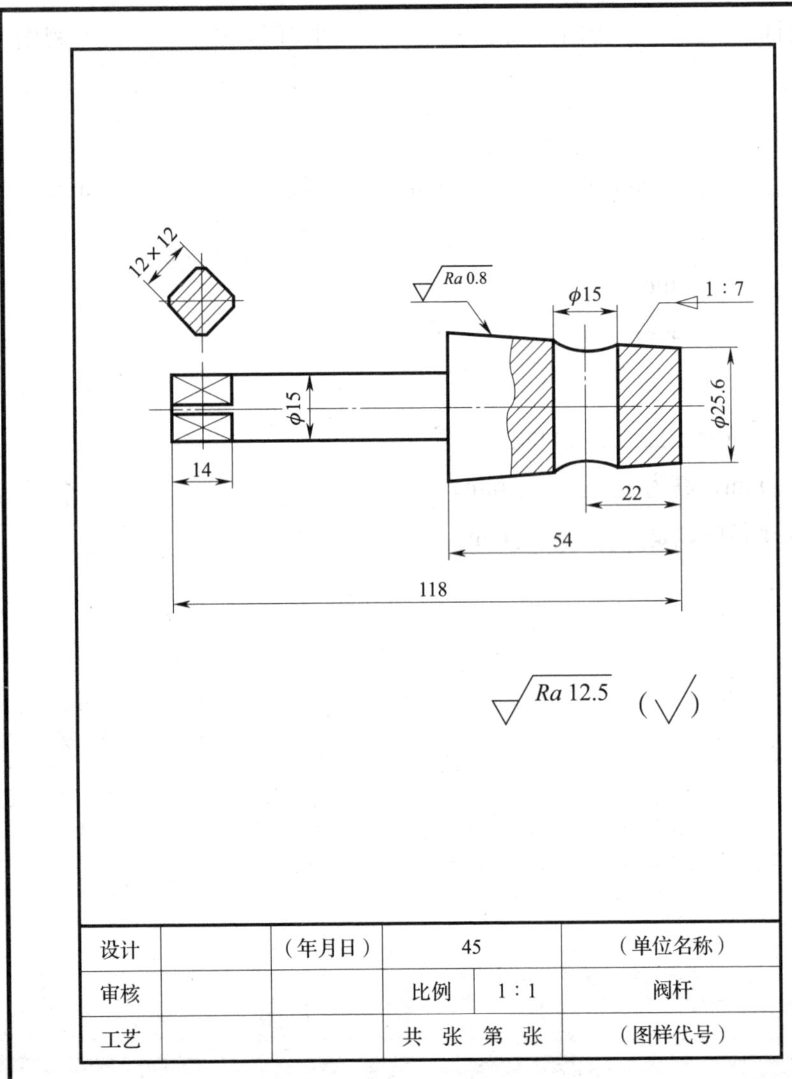

设计		（年月日）	45		（单位名称）
审核			比例	1 : 1	阀杆
工艺			共　张　第　张		（图样代号）

旋塞阀是管路中一种常用的阀门，其立体图如下图所示，通常用螺纹连接在管路上，特点是开关迅速。图示为阀门打开的位置，当阀杆旋转 90° 后，阀门关闭。

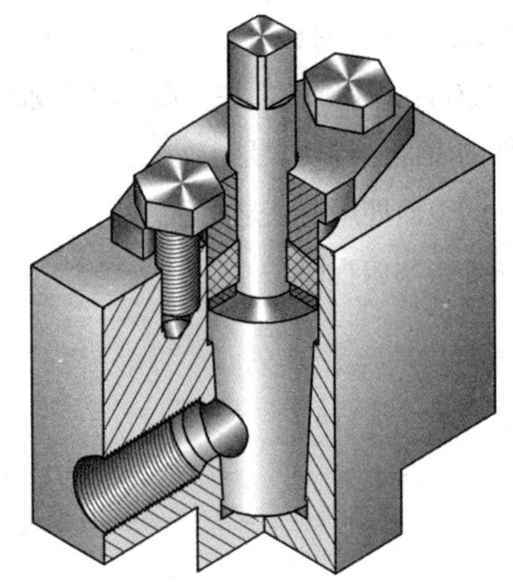

5—4—2（续）

（1）该零件图用______个基本视图和一个__________图表达阀杆形状，其中主视图采用了__________剖视图，其目的是表达____________________；左上角的图形是为了表达____________________。

（2）该零件左侧圆柱体的直径为__________mm，其左侧被四个平面切割，表达该结构的尺寸为__________mm 和__________mm。

（3）该零件右侧圆锥体的小端直径为__________mm。

（4）该零件圆锥体上有一个直径为__________mm 的孔，其定位尺寸为__________mm。

（5）该零件圆锥部分的长度为__________mm，总长为__________mm。

（6）该零件圆锥部分的表面结构要求为__________，其他各表面的表面结构要求为__________。

（7）该零件所用的材料为__________钢。

5—4—3　识读旋塞阀的压盖零件图，并回答问题

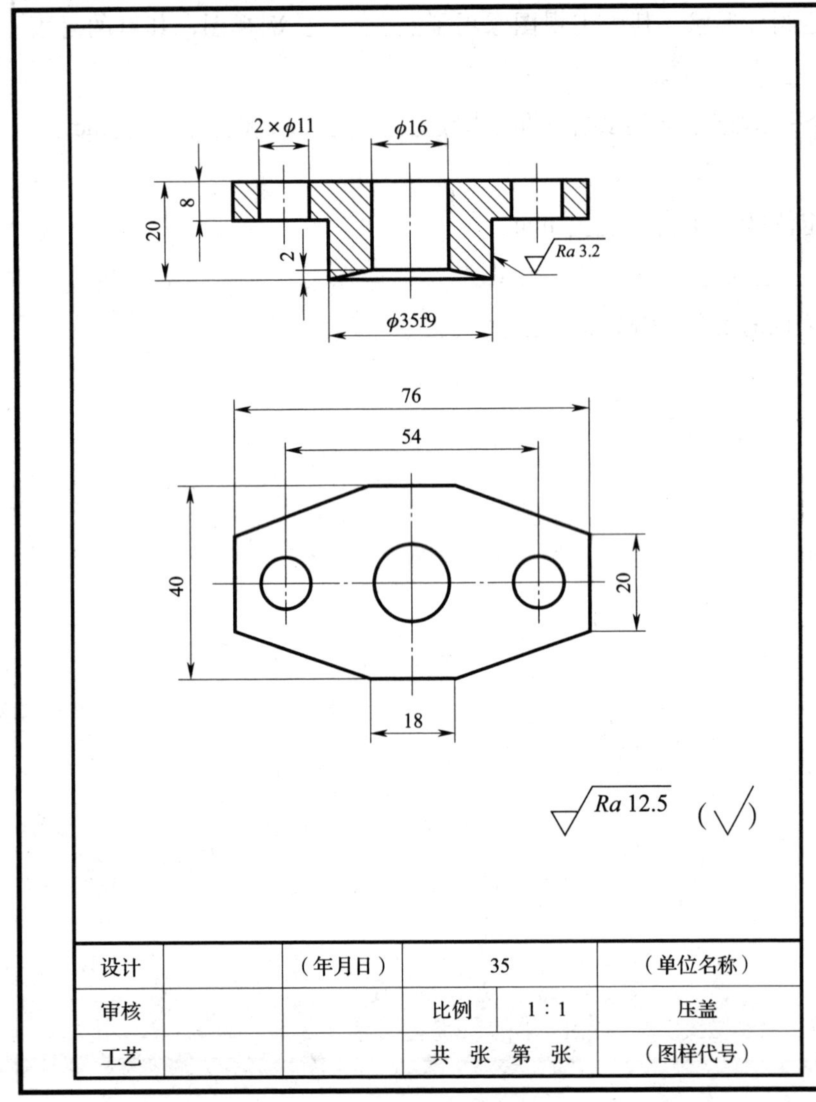

(1) 该零件图用________个视图表达压盖的形状，分别是____________视图和______________视图，其中主视图采用__________剖视图。

(2) 该零件由上部的板和下部的圆柱组成，上部板的厚度为__________mm，确定板的上表面外形的尺寸有____________mm、____________mm、____________mm和__________mm。

(3) 该零件的下部为圆柱，其外圆的直径为__________mm，高度为__________mm。

(4) 该零件的中间为孔，上方圆柱孔的直径为__________mm，下方圆锥孔的高度为__________mm，小端直径为__________mm，大端直径为__________mm。

(5) 该零件一共有两个螺栓孔，其定形尺寸为__________mm，定位尺寸为__________mm。

(6) 该零件标注了公差的尺寸是__________。

(7) ϕ35f9的表面结构要求为__________，上表面的表面结构要求为__________。

(8) 该零件所用的材料为__________钢。

5—4—4　识读旋塞阀的阀体零件图，并回答问题

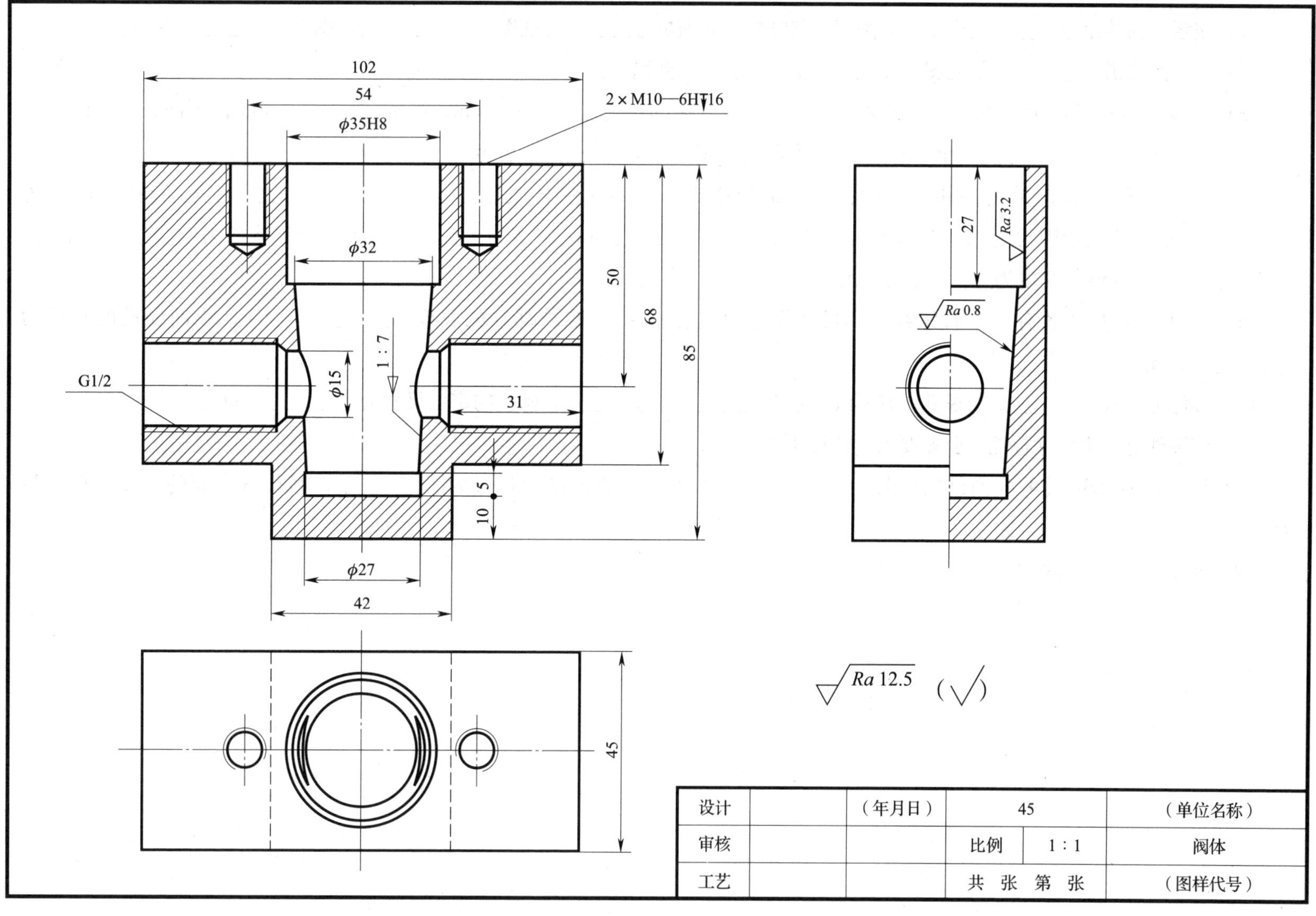

设计		（年月日）	45		（单位名称）
审核			比例	1∶1	阀体
工艺			共　张　第　张		（图样代号）

5—4—4 （续）

（1）该零件图共用__________个基本视图表达其结构，分别是__________视图、__________视图和__________视图。

（2）主视图采用__________剖视图，左视图采用__________剖视图。

（3）该零件的外形由上、下两个长方体组成，上部长方体的长为__________mm，高为__________mm；下部长方体的长为__________mm，高为__________mm；上、下长方体同宽，其宽度为__________mm。

（4）零件在竖直方向的内腔由上、中、下三部分组成，上部内腔为__________面，其直径为__________mm，高度为__________mm；中间内腔为__________面，其大端直径为__________mm，高度为__________mm；下部内腔为__________面，其直径为__________mm，高度为__________mm。

（5）零件下方左右各有一个管螺纹，其尺寸代号为__________，螺纹部分的长度为__________mm，中间通孔的直径为__________mm。

（6）零件上方有__________个螺孔，其螺纹代号为__________________，螺孔的定位尺寸为__________mm。

（7）该零件有一个尺寸标注了公差要求，该尺寸是__________。

（8）该零件 ϕ35H8 孔的表面结构代号为__________，圆锥孔的表面结构代号为__________，其他各表面的表面结构代号为__________。

（9）该零件所用的材料为__________钢。

§5—5　识读装配图

5—5—1　识读旋塞阀装配图，并回答问题

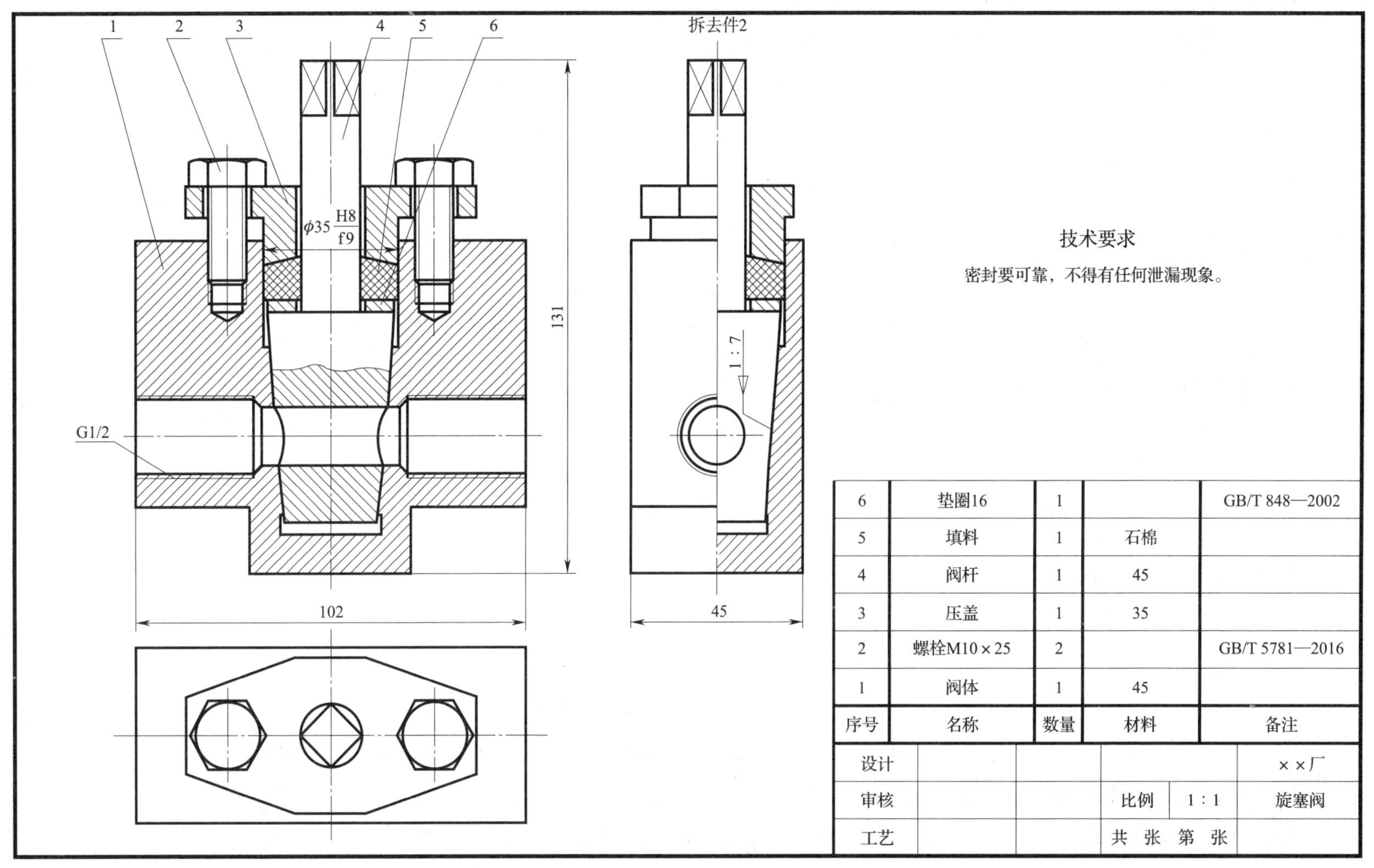

6	垫圈16	1		GB/T 848—2002
5	填料	1	石棉	
4	阀杆	1	45	
3	压盖	1	35	
2	螺栓M10×25	2		GB/T 5781—2016
1	阀体	1	45	
序号	名称	数量	材料	备注

设计				××厂
审核			比例　1：1	旋塞阀
工艺			共　张　第　张	

5—5—1（续）

（1）该装配图共用了______个基本视图，分别是__________视图、__________视图和__________视图。

（2）主视图采用__________剖视图，左视图采用__________剖视图。

（3）该旋塞阀共用了__________种零件，其中标准件有__________种，分别是____。

（4）该装配图的图示位置为旋塞阀处于__________（开、关）的位置。若想将阀门__________，需要用扳手将__________旋转__________。

（5）如何拆卸阀杆 4？

（6）如何将旋塞阀安装到管路中?

（7）如何保证旋塞阀的密封?

（8）该装配图上标注了一个配合尺寸，该尺寸为__________，它表示__________和__________之间的配合。

（9）该装配体的安装尺寸为__________。

（10）该装配体的总长为__________mm，总宽为__________mm，总高为__________mm。

5—5—2　识读车床刀架定位器装配图，并回答问题

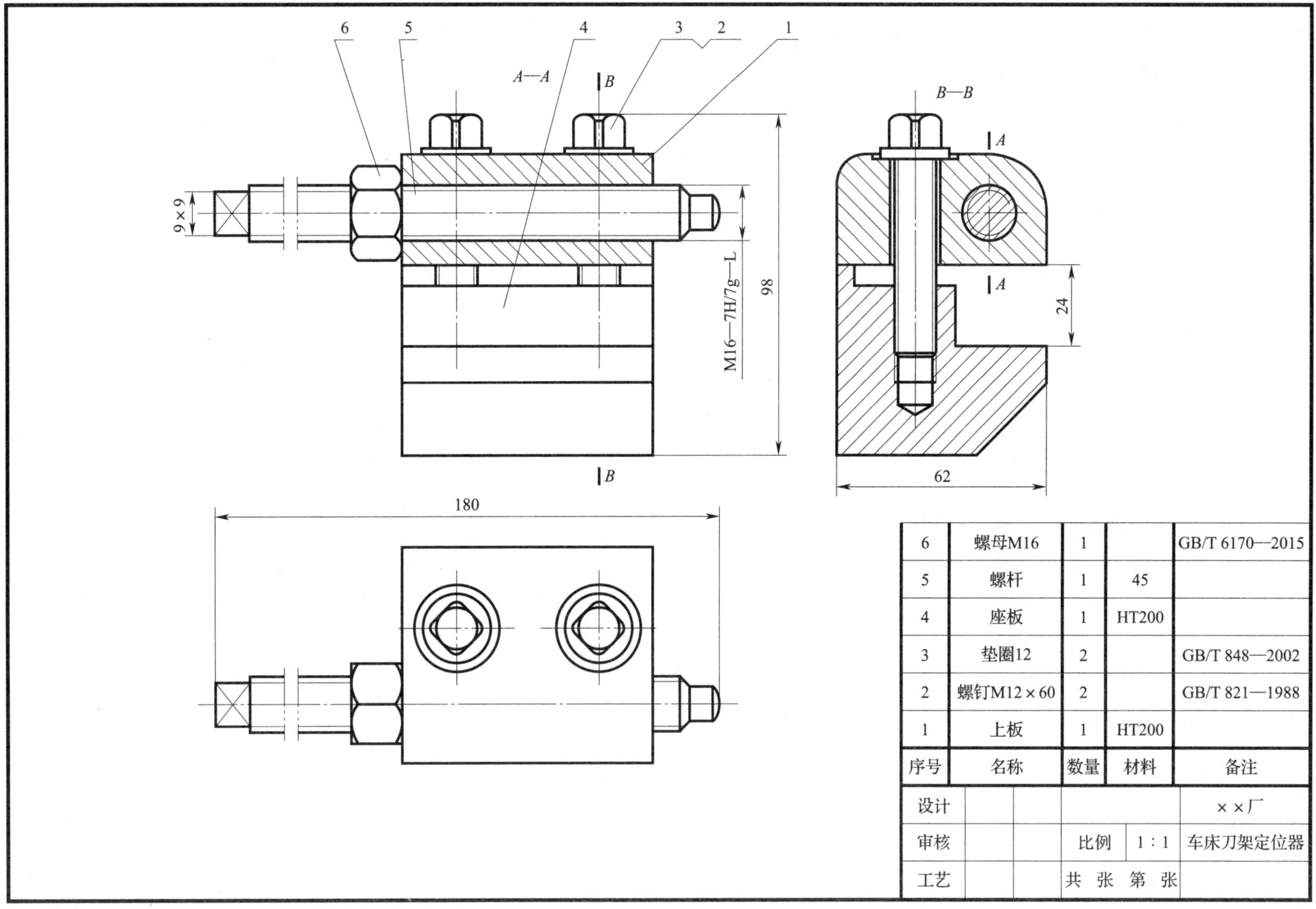

6	螺母M16	1		GB/T 6170—2015
5	螺杆	1	45	
4	座板	1	HT200	
3	垫圈12	2		GB/T 848—2002
2	螺钉M12×60	2		GB/T 821—1988
1	上板	1	HT200	
序号	名称	数量	材料	备注

设计					××厂
审核			比例	1：1	车床刀架定位器
工艺			共　张　第　张		

5—5—2（续）

（1）该装配图采用了__________视图、__________视图和__________视图，其中主视图采用__________剖视图，左视图采用__________剖视图。

（2）该装配体的总长为__________mm，总宽为________mm，总高为________mm。

（3）该装配体是如何安装在车床导轨上的？

（4）该装配体如何限制车床刀架的位置？

（5）在下方空白处绘制上板和座板的三视图（尺寸从图中量取），并进行适当的剖切。

5—5—3 识读定位器装配图，并回答问题

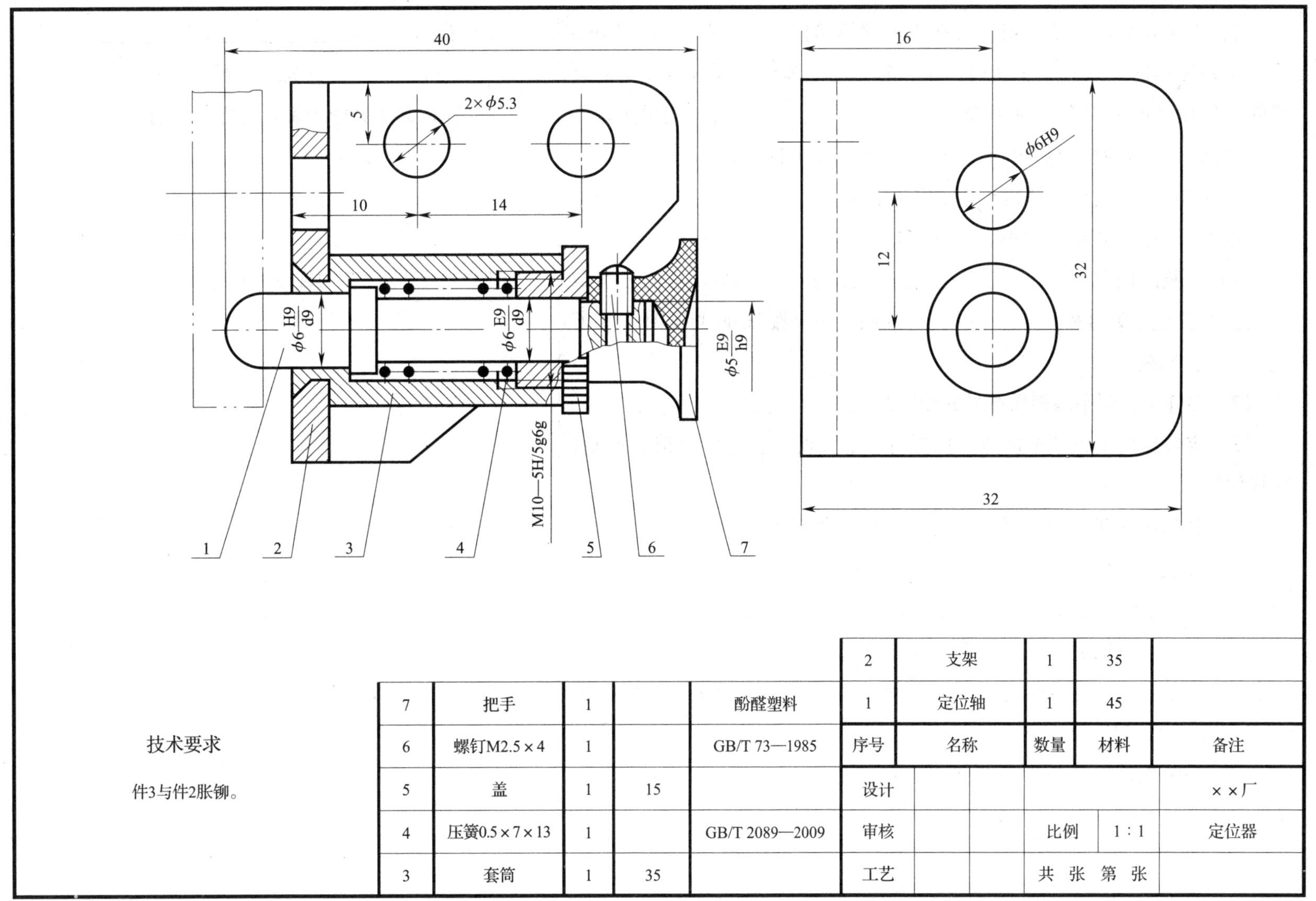

序号	名称	数量	材料	备注
7	把手	1		酚醛塑料
6	螺钉M2.5×4	1		GB/T 73—1985
5	盖	1	15	
4	压簧0.5×7×13	1		GB/T 2089—2009
3	套筒	1	35	
2	支架	1	35	
1	定位轴	1	45	

设计					××厂
审核			比例	1∶1	定位器
工艺			共 张 第 张		

5—5—3（续）

定位器工作原理：定位器安装在电子仪器箱体上，图中 2×ϕ5. 3 mm 孔是该装配体的安装孔。工作时，定位轴 1 的半圆球端插入需要变换位置的定位板（图中用细双点画线表示）中。需换位时，可将把手 7 向外（右）拉出，定位板转位后再松开把手 7，在压簧 4 的作用下，使定位轴 1 的半圆球端再插入定位板的另一个定位孔中。

识读定位器装配图，并回答下列问题。

（1）该装配图共用＿＿＿＿＿＿个视图表达其结构，它们分别是＿＿＿＿＿＿视图和＿＿＿＿＿＿视图。该装配图的主视图采用了＿＿＿＿＿剖视图。

（2）零件 1 左侧不画剖面符号的原因是＿＿＿＿＿＿＿＿＿＿。

（3）定位器处于该装配图所示位置时，定位板＿＿＿＿＿（能、不能）变换位置。

（4）套筒和支架之间是用＿＿＿＿＿连接的，零件 1 和零件 7 之间是用＿＿＿＿＿连接的。

（5）压簧被压在零件＿＿＿＿＿和零件＿＿＿＿＿之间。

（6）ϕ5. 3 mm 的孔有＿＿＿个，其作用是＿＿＿＿＿＿＿＿。其定位尺寸是＿＿＿＿＿mm、＿＿＿＿＿mm 和＿＿＿＿＿mm。在装配图中该孔的定形、定位尺寸统称为＿＿＿＿＿尺寸。

（7）该装配体的总长为＿＿＿＿＿mm，总宽为＿＿＿＿＿mm，总高为＿＿＿＿＿mm。

（8）在零件＿＿＿＿＿＿、＿＿＿＿＿＿、＿＿＿＿＿和＿＿＿＿＿上加工了螺纹。

（9）在该装配图中弹簧是怎样表达的？

（10）拆画零件 3 的视图（尺寸从图中量取）。

5—5—4 识读传动器装配图，并回答问题

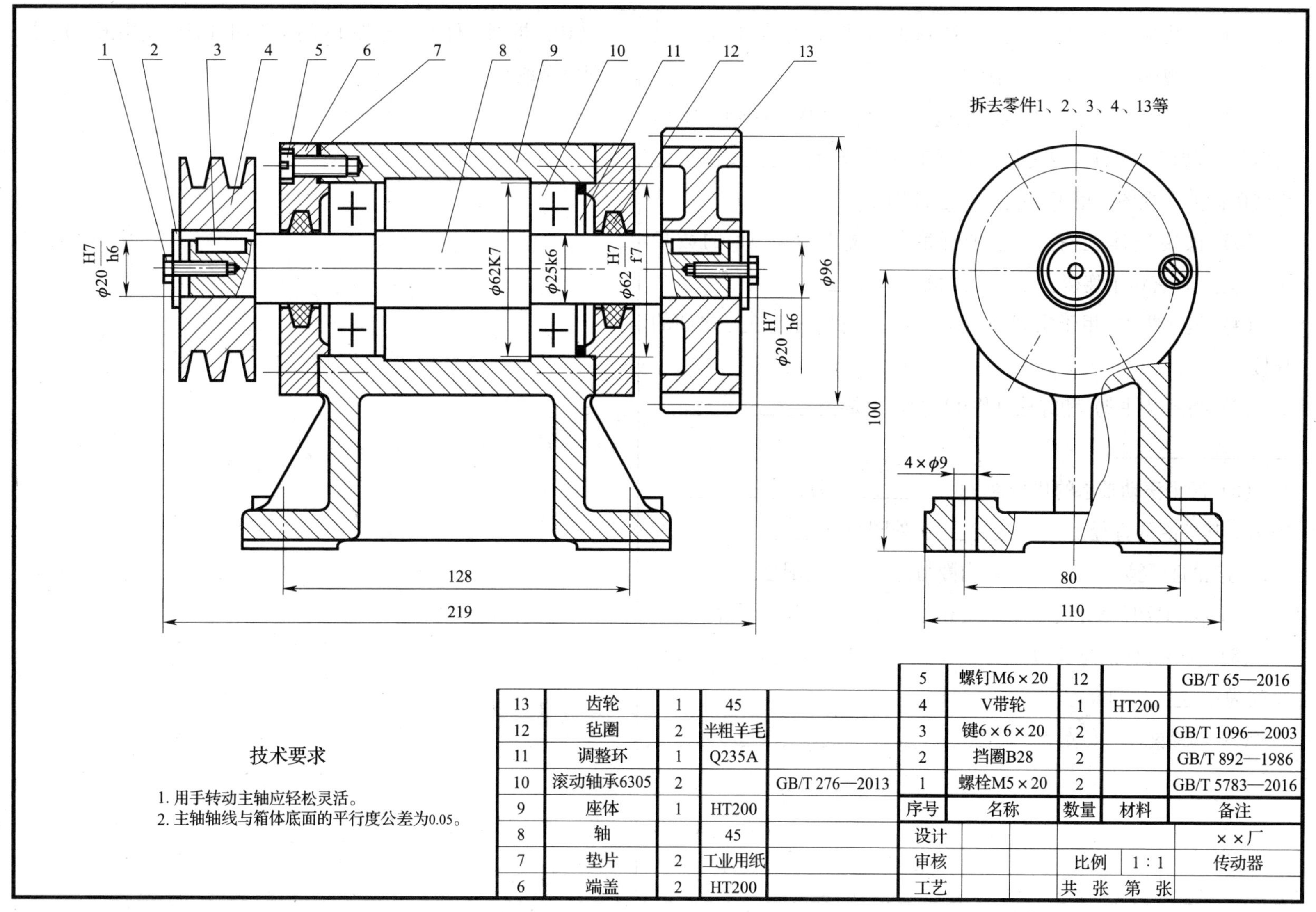

技术要求

1. 用手转动主轴应轻松灵活。
2. 主轴轴线与箱体底面的平行度公差为0.05。

序号	名称	数量	材料	备注
13	齿轮	1	45	
12	毡圈	2	半粗羊毛	
11	调整环	1	Q235A	
10	滚动轴承6305	2		GB/T 276—2013
9	座体	1	HT200	
8	轴		45	
7	垫片	2	工业用纸	
6	端盖	2	HT200	
5	螺钉M6×20	12		GB/T 65—2016
4	V带轮	1	HT200	
3	键6×6×20	2		GB/T 1096—2003
2	挡圈B28	2		GB/T 892—1986
1	螺栓M5×20	2		GB/T 5783—2016

设计				××厂
审核		比例	1∶1	传动器
工艺		共 张 第 张		

5—5—4 （续）

（1）该装配图共用_______个视图表达其结构，它们分别是__________视图和__________视图。

（2）该装配图的主视图采用__________剖视图，在轴（件8）的两端只剖切一部分，这是因为轴的其余部分为______________。该装配图的左视图采用了__________剖视图。

（3）该装配体上有______种标准件，螺钉（件5）的数量是_______，它用于连接__________和__________。

（4）键（件3）用于实现轴与__________和__________之间的连接。

（5）挡圈（件2）和螺栓（件1）的作用是__________________________________。

（6）两个滚动轴承的代号为____________，属于____________轴承，其外圈的直径为____________，外圈与________________配合；内圈的直径为__________，内圈与__________配合。

（7）ϕ62H7/f7表示__________和__________之间的配合。

（8）该装配体的总长为__________mm，总宽为__________mm，总高为__________mm。

（9）该装配体的安装尺寸有__________、__________和__________。

（10）拆画零件6或零件13的零件图（只绘制图形，尺寸从图中量取）。

第六章　电气图用基本电气符号

§6—1　图 形 符 号

一、填空题（将正确答案填在横线空白处）

1．图形符号是指用于表示电气元器件或设备的________、标记或字符。

2．图形符号一般有________、________、________和方框符号四种基本形式。其中，________和________较为常用。

3．限定符号通常不能单独使用，但它可与________组合，派生出若干具有附加功能的图形符号。

4．图形符号一般为________或________布置。

二、选择题（将正确答案的序号填在括号内）

1．下列图形符号中（　　）不属于一般符号。

A． 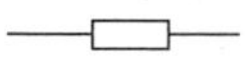　　　B． 　　　C．

2．（　　）是一种加在其他符号上的，用以提供附加信息的符号。

A．一般符号　　B．限定符号　　C．组合符号

3．符号要素（　　）单独使用。

A．能　　B．不能

4．下列图形符号中（　　）属于方框符号。

A．　　　B．　　　C．

5．（　　）通常只用于单线表示法的概略图中，也可用在表示全部输入和输出连接线的图中。

A．一般符号　　B．限定符号　　C．方框符号

6．下列关于压敏电阻器图形符号的画法，正确的是（　　）。

A．U　　　B．U　　　C．U

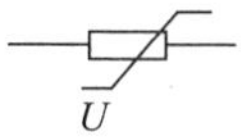

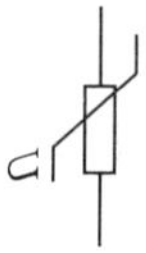

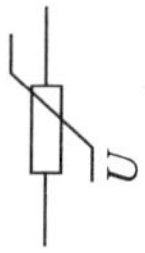

7．下列关于发光二极管（LED）图形符号的画法，不正确的是（　　）。

A． 　　　B． 　　　C．

8．（　　）是指用以表示一类事物或其特征，或作为成组符号中各个图形符号的组成基础的较简明的图形符号。

A．一般符号　　B．限定符号　　C．符号要素

三、简答题

1．识读图 6—1 所示的三端固定集成正稳压电源电路图，并回答下列问题。

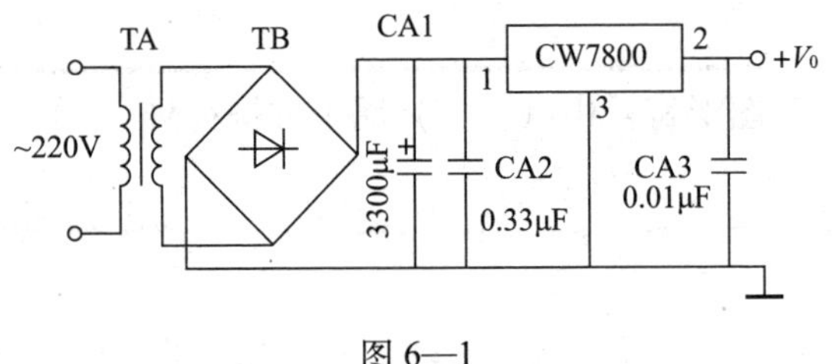

图 6—1

（1）摘画出图中的图形符号，并写出其所表达的含义。

（2）图中双绕组变压器为什么不选用图形符号“—◯◯—”？在电气图中，图形符号的一般选用规则是什么？

（3）分析极性电容器图形符号“—|⊦—”的组合关系。

（4）什么是方框符号？分析桥式全波整流器图形符号“◇”的构成要素。

2．识读下列电气元器件，并画出与之对应的图形符号。

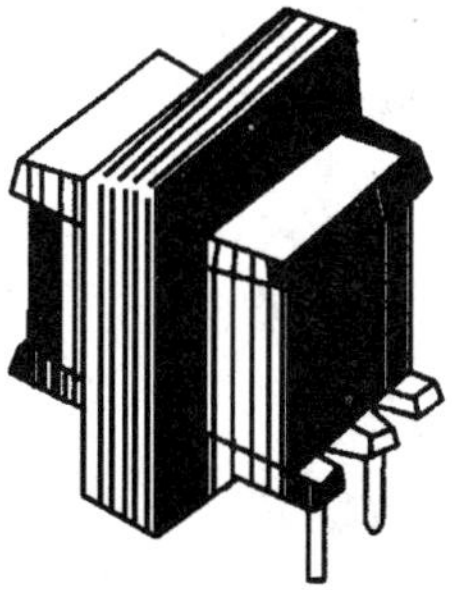

（1）双绕组变压器______ 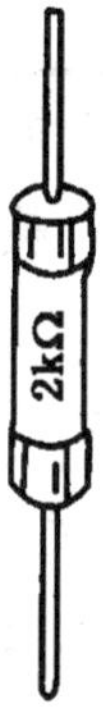 （2）电阻器______ 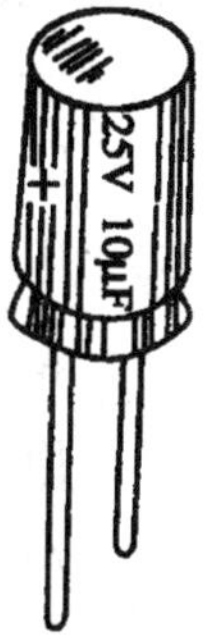 （3）极性电容器______  （4）带滑动触点的电位器______  （5）稳压二极管______

（6）PNP 型三极管________ 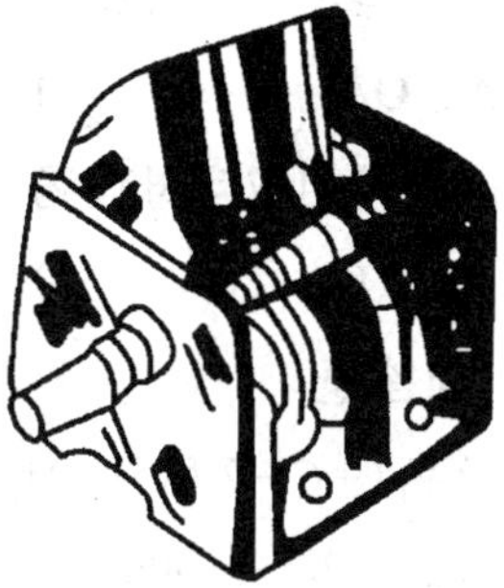 （7）可调电容器________ 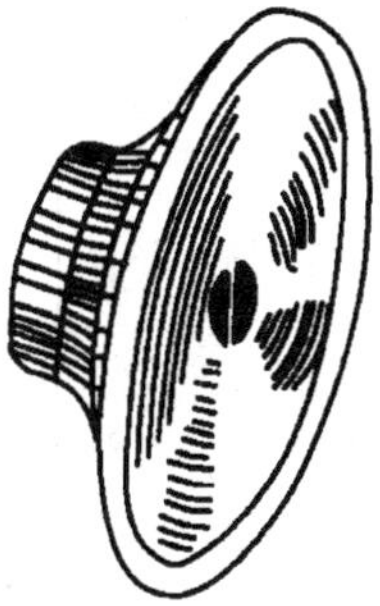 （8）扬声器________ 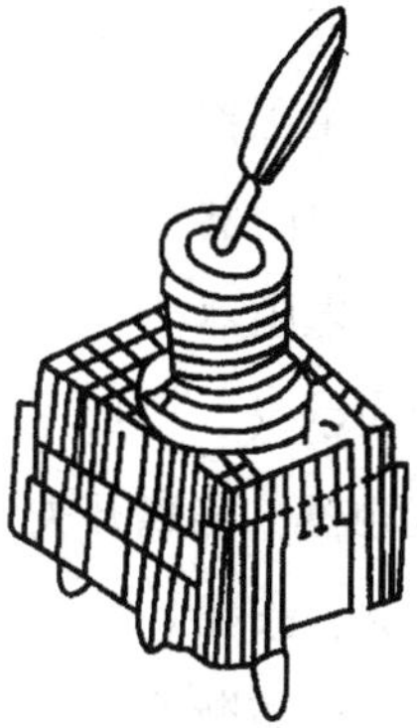 （9）开关________ 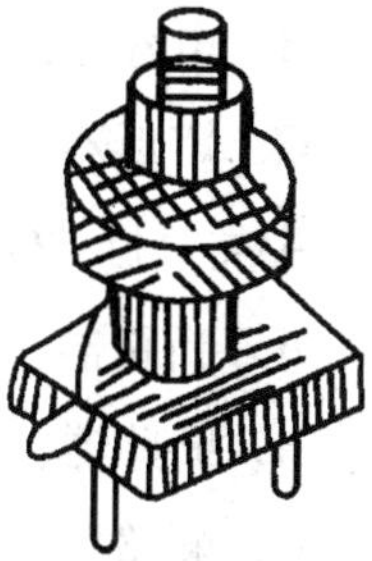 （10）电感器________

§6—2 字母代码

一、填空题（将正确答案填在横线空白处）

1．字母代码主要有________________和________________两种基本形式。

2．双字母代码的第一位字母代码代表__________，第二位字母代码代表__________。

3．字母代码是构成____________的主要组成部分，也是构成标识代号系统的主要组成部分。在特定情况下，单个字母代码也表示具体的________或________。

二、选择题（将正确答案的序号填在括号内）

1．主类字母“R”用于表示（　　）。

A．二极管、电感器、电阻器

B．电容器、电感器、电阻器

C．熔断器、接触器、电阻器

2．主类字母“Q”用于表示（　　）。

A．断路器、电力接触器、隔离开关

B．断路器、控制开关、按钮

C．断路器、隔离开关、熔断器

3．主类字母“B”用于表示（　　）。

A．行程开关、接近开关、热过载继电器

B．控制开关、行程开关、接近开关

C．时间继电器、热过载继电器、保护继电器

4．用于表示按钮的主类字母是（　　）。

A．T　　B．S　　C．K

5．用于表示熔断器的主类字母是（　　）。

A．M　　B．F　　C．E

6．不能用双字母代码“RA”表示的电气元器件是（　　）。

A．二极管　　B．电感　　C．电容器

7．不能用双字母代码“SF”表示的电气元器件是（　　）。

A．控制开关　　B．按钮开关　　C．隔离开关

8．变压器用双字母代码（　　）表示。

A．QA　　B．TA　　C．FA

9．晶体管用双字母代码（　　）表示。

A．KF　　B．PG　　C．QA

三、简答题

1．分析图6—2所示的单回路调谐放大电路图中的字母代码，并按要求回答下列问题。

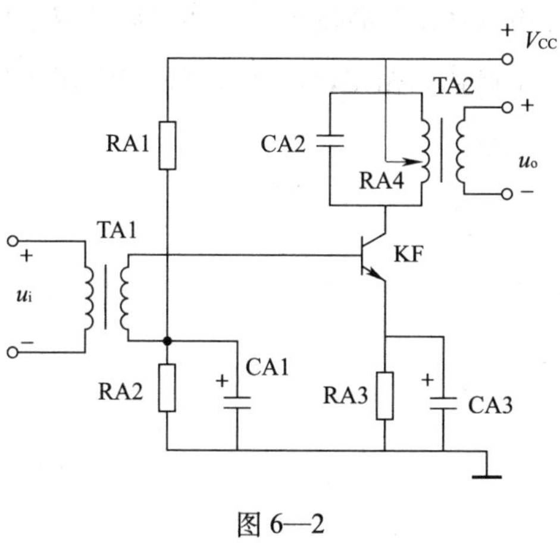

图 6—2

（1）在电气图中，字母代码的主要作用是什么？

（2）在电气图中，电气领域一般用哪几个字母代表子类代码？

（3）识读图中的字母代码，并按要求填写表 6—1。

表 6—1

名称	双字母代码	主类字母代码	子类字母代码
双绕组变压器			
电阻器			
电容器			
三极管			
电感器			

2．识读图 6—3 所示的白炽灯应急照明电路图，并根据要求回答下列问题。

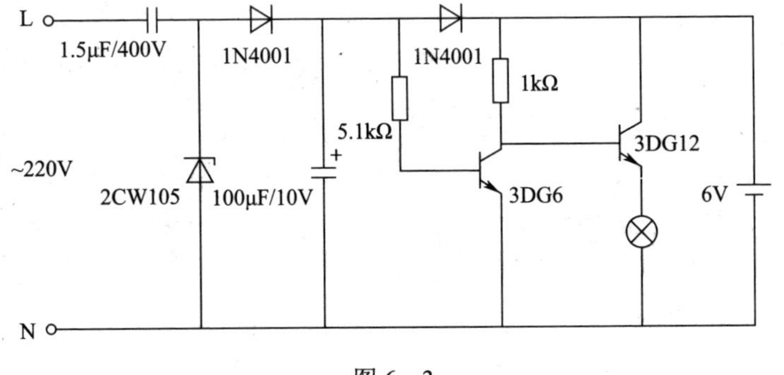

图 6—3

（1）说明图中各图形符号所表达的含义。

（2）在图中标注出与各图形符号相对应的双字母代码。

（3）与单字母代码相比，双字母代码主要用于什么场合？

§6—3 参照代号

一、填空题（将正确答案填在横线空白处）

1. 用参照代号标识项目，可使__________和实物之间建立起明确的对应关系，从而方便查找、区分各种图形符号所表示的电气元器件和设备。

2. 参照代号分为__________参照代号和__________参照代号两种标识方法。

3. 在某一项目内，单层参照代号的标识是__________的。单层参照代号由____________和__________构成。

4. 当项目的构成比较复杂，采用单层参照代号不能完整地表达信息时，便要引用项目的__________参照代号。

二、选择题（将正确答案的序号填在括号内）

1.（　　）参照代号是指对直接组成系统的特定项目给定的相对于系统的参照代号。

A. 单层　　B. 多层

2. 项目产品面参照代号的前缀符号是（　　）。

A. =　　B. -　　C. +

3. 不是参照代号“-A1-B2”的简化方式表示的是（　　）。

A. -A1B2　　B. -A1. B2　　C. -AB. 12

4.（　　）用于表示不同产品面的多层参照代号。

A. -A1Q2　　B. =W1WS3　　C. +204A6

三、简答题

1. 分析图 6—4 所示的单相全波整流 π 型滤波电路图，并按要求回答下列问题。

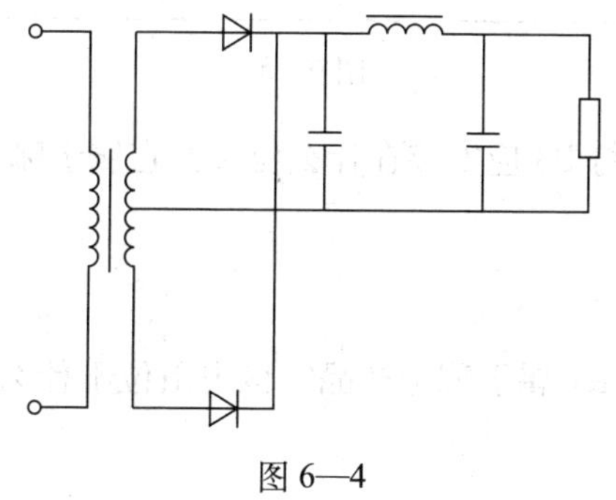

图 6—4

(1) 什么是参照代号?

(2) 在图中标注出相应的参照代号。

2．分析图 6—5 所示电路图，并按要求回答下列问题。

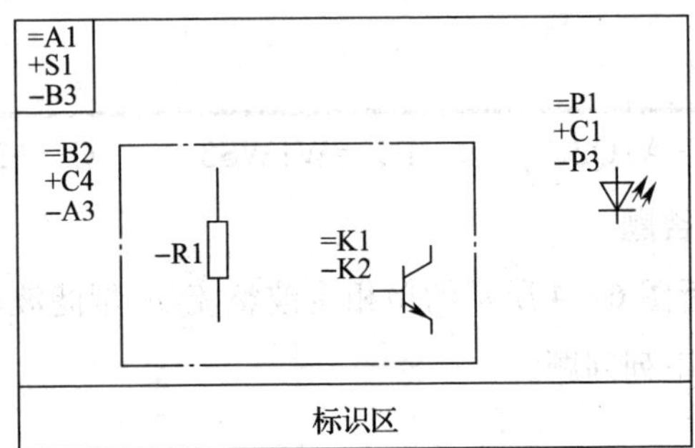

图 6—5

(1) 信号灯 P3 应安装在什么位置？它属于哪个功能件？

(2) 电阻 R1 属于哪个产品？该电阻位于什么位置？它属于哪个功能件？

(3) NPN 型三极管 K2 属于哪个产品？该三极管位于什么位置？它属于哪个功能件？

(4) 信号灯 P3、电阻 R1 和 NPN 型三极管 K2 同属于哪个产品？该产品位于什么位置？它属于哪个功能件？

(5) 按要求填写表 6—2。

表 6—2

项目名称	单层产品面参照代号	多层参照代号
信号灯		
电阻		
NPN 型三极管		
“边界线”		
“页内容区”		

3．分析图 6—6 所示的单管延时释放继电器电路图，并按要求回答下列问题。

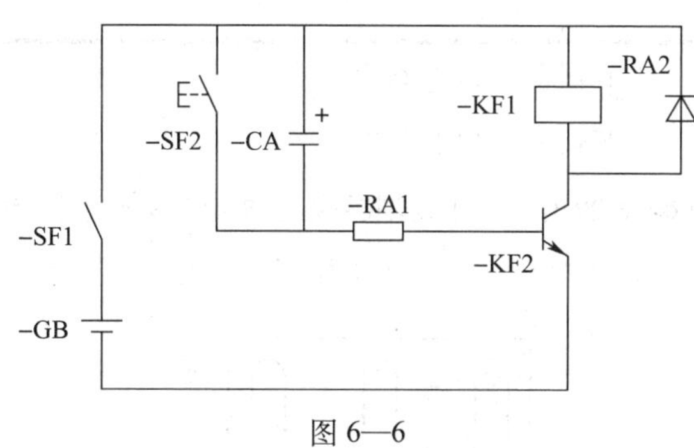

图 6—6

（1）图中项目标注的是什么面的参照代号？

（2）图中项目标注的参照代号是单层参照代号还是多层参照代号？在电气图中，单层参照代号与多层参照代号的内在关系是什么？

（3）识读图中的参照代号和字母代码，并按要求填写表 6—3。

表 6—3

元器件名称	参照代号	字母代码	
		主类	子类
控制开关			
电池			
按钮开关			
极性电容器			
电阻器			
操作件（继电器线圈）			
NPN 型三极管（未标准化）			
半导体二极管			

（4）图中与图形符号相关的参照代号常标注在图形符号的什么位置？

§6—4 端子代号

一、填空题（将正确答案填在横线空白处）

1．端子的标识符号可以从____________面、__________面或__________面的其中之一进行命名或确定。

2．图 6—7 所示为端子标识的基本形式，图中__________为该项目端子的唯一标识符号，__________为端子所在项目的标识符号。

参照代号	:	端子代号

图 6—7

3．电阻器的端子代号应标在其图形符号的____________。

二、选择题（将正确答案的序号填在括号内）

1．端子代号的前缀符号为（　　）。

A．=　　　B．:　　　C．+

2．单个元件的两边端子用连续的两个数字来表示，奇数数字应（　　）偶数数字。

A．大于　　　B．小于　　　C．等于

3．“-”是（　　）端子代号的标识。

A．产品面　　　B．功能面　　　C．位置面

4．端子代号的编制顺序一般要遵循信息流向（　　）的规定。

A．从上到下、自左至右

B．从下到上、自左至右

C．从下到上、自右至左

5．图 6—8 所示为三相笼型感应电动机的接线盒中绕组为 Y 形接法的连接图，图中 U1、V1、W1 和 U2、V2、W2 属于（　　）。

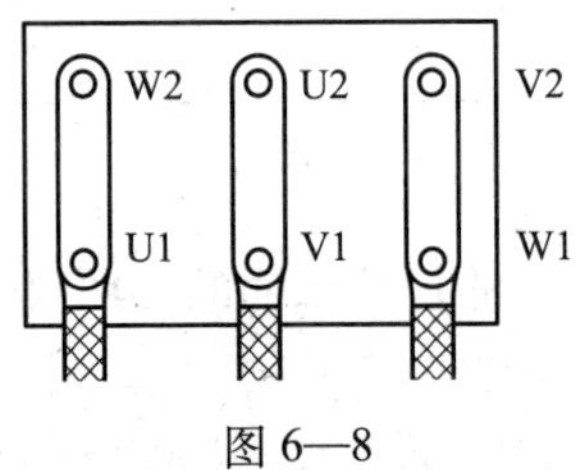

图 6—8

A．产品面端子代号的标识

B．功能面端子代号的标识

C．位置面端子代号的标识

6．下列单个元件的接线端子标识中正确的是（　　）。

A．

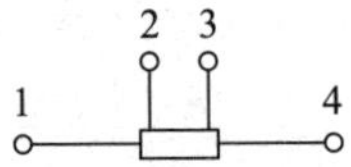

B．

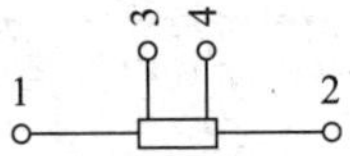

C．

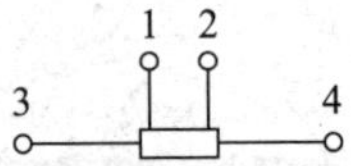

三、简答题

1．分析图 6—9 所示的电路图，并按要求回答下列问题。

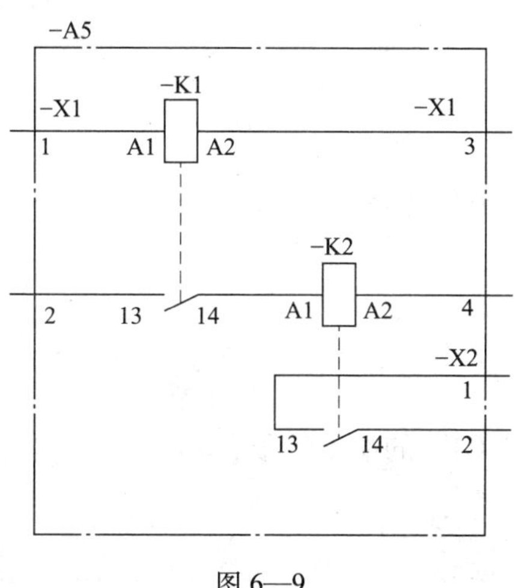

图 6—9

（1）在画有围框的功能单元或结构单元中，端子代号必须标注在什么位置才能避免被误解？

（2）在图中标注出项目 A5 的 6 根引出导线的端子标识。

（3）在一个系统内，某一端子的标识应该是唯一的，它包括哪些内容？

2．分析图 6—10 所示的逻辑功能图，并按要求回答下列问题。

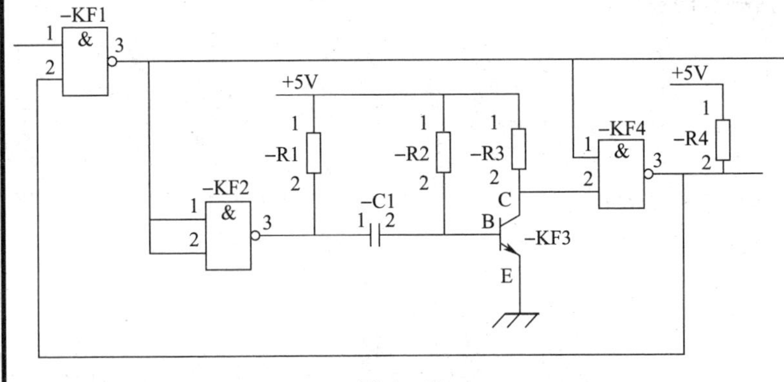

图 6—10

(1) 电阻器和与非门逻辑单元的端子代号应标注在图形符号的什么位置?

(2) 端子代号的代码有哪三种基本表示形式? 图中端子代号的代码有哪几种表示形式? 试举例说明。

(3) 从图中摘画出以下图形符号，并标注相应的端子代号。

1) 与非门“-KF4”逻辑单元的端子代号

2) 电阻“-R1”的端子代号

3) 电容“-C1”的端子代号

4) NPN 型三极管“-KF3”的端子代号

第七章　电气制图的一般规则和基本表示方法

§7—1　电气制图的一般规则

一、填空题（将正确答案填在横线空白处）

1．在电气制图中，一般只使用________线、________线、点画线和双点画线四种形式的图线。

2．电气简图中的箭头符号有________箭头和________箭头两种形式。

3．图线常见的布置方式有________布置、________布置和交叉布置三种。

4．电气图中电路或电气元器件的布局方法有________布局法和________布局法两种。

二、选择题（将正确答案的序号填在括号内）

1．（　　）布置是将表示设备和电气元器件的图形符号按横向布置，连接线呈水平方向，各类似项目纵向对齐。

A．水平　　B．垂直　　C．交叉

2．（　　）主要用于表示电气能量、电气信号的传播方向，如能量流、信息流等。

A．————▶———— 　　B．————▷————

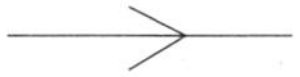

3．下列指引线标记错误的是（　　）。

A. 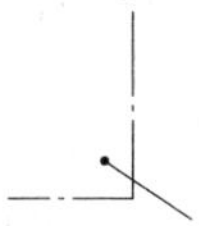　　B. 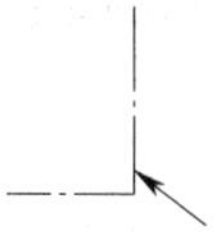　　C.

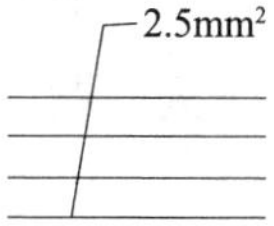

三、简答题

1．识读图 7—1 所示的电子催眠器元器件布置图，并按要求回答下列问题。

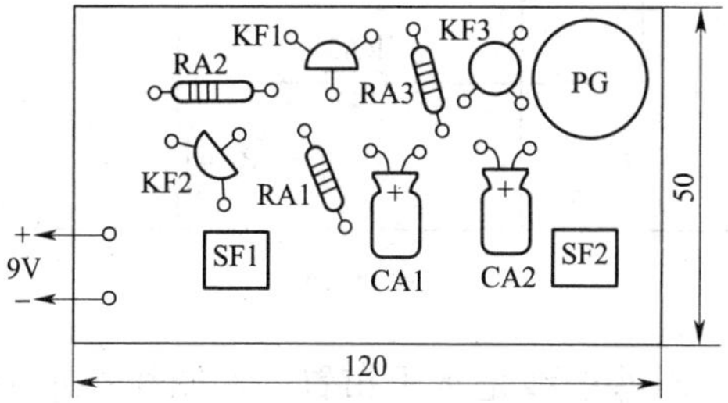

图 7—1

（1）图中的电气元器件是按什么布局方法布局的？该布局方法有何特点？

（2）图中是用什么方法来确定电气元器件的布置位置的？

2．识读图 7—2 所示的直接耦合放大电路图，并按要求回答下列问题。

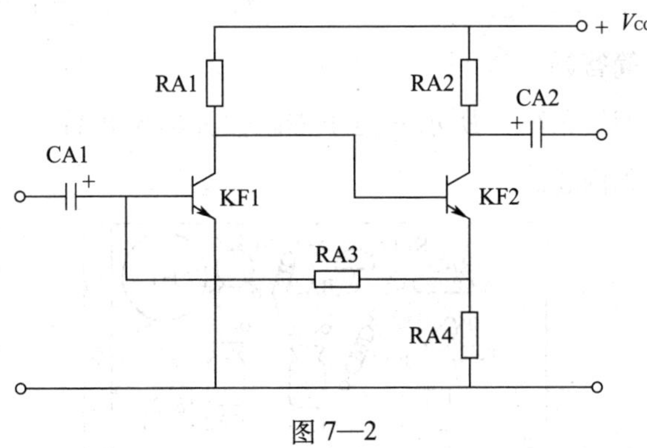

图 7—2

（1）图中哪些图线是水平布置的？图线按水平布置的绘制要求是什么？

（2）图中哪些图线是垂直布置的？图线按垂直布置的绘制要求是什么？

（3）在图中的反馈回路上加画出用于表示信号流向的箭头。

（4）电气图的布局重点是突出信息流及各级项目之间的功能关系，它对图线的布置有什么要求？

3．分析图 7—3 所示的两级阻容耦合放大电路图，并按要求回答下列问题。

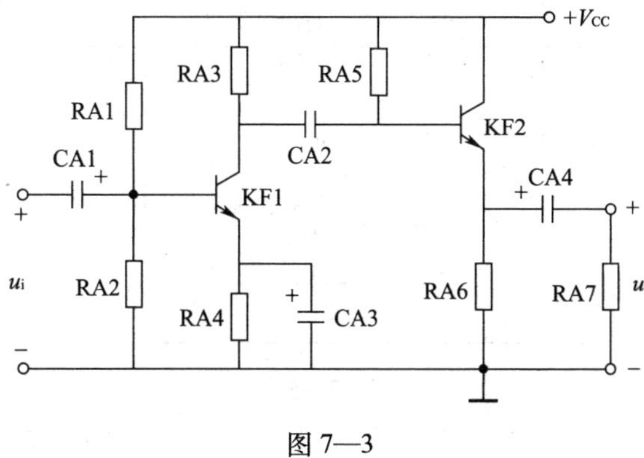

图 7—3

（1）图中的电气元器件是按什么布局方法布局的？该布局方法有何特点？

（2）图中功能组依照功能联系从左到右布置，并按工作顺序排列。试从图中摘画出如下功能组电路，并说明其布局特点。

1）分压偏置式共发射极放大电路

2）射极输出器电路

4．在图 7—4 中，插头 -X1 属于 -A1，插座 -W1X1 不属于 -A1，请按要求将其改正。

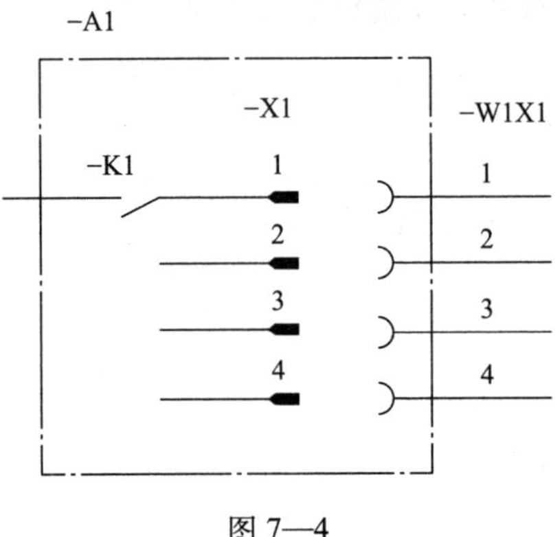

图 7—4

5．在图 7—5 中存在绘制错误，请按要求将其改正。

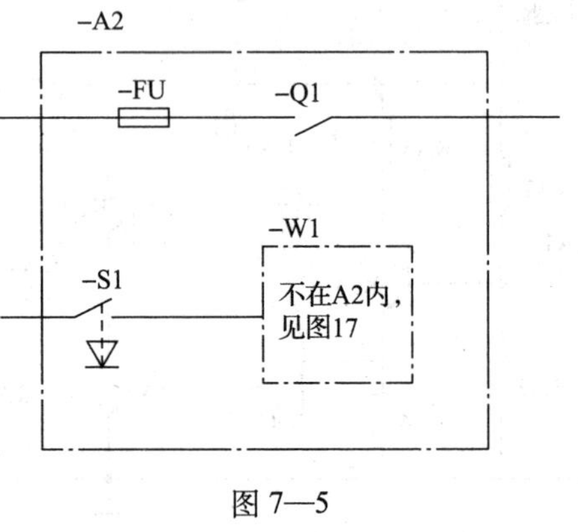

图 7—5

§7—2 电气元器件的表示方法

一、填空题（将正确答案填在横线空白处）

1．对于驱动部分和被驱动部分之间具有机械连接功能关系的元器件，在电气图中的表示方法主要有__________表示法、半集中表示法和__________表示法三种。

2．半导体开关应按其__________状态绘制。

3．在电路图中，用以表示电气元器件在图上位置的常用方法主要有__________法、电路编号法和__________法三种。

4．用分开表示法和集中表示法绘制的图，给出的______是相等的。

二、选择题（将正确答案的序号填在括号内）

1．下列图样中，用分开表示法绘制的是（　　）。

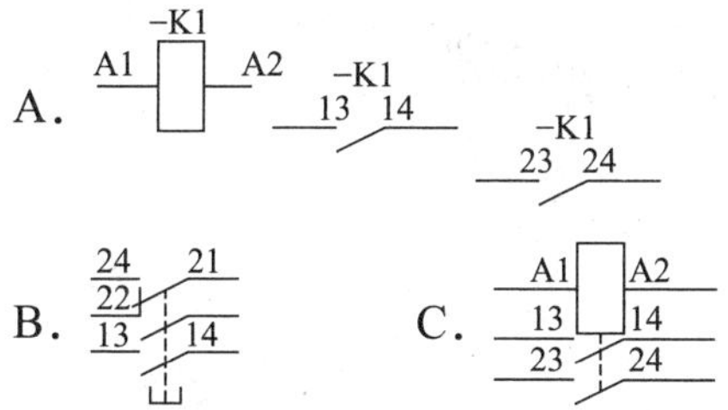

A. −K1 A1 A2；−K1 13 14；−K1 23 24

B. 24 21 22 13 14

C. A1 A2 13 14 23 24

2．在电路图中，绘制（　　）的图形符号时，应使其处在非激励或断电状态。

A．断路器、隔离开关

B．继电器、接触器

C．带零位的手动控制开关

3．绘制电路图时，关于组成部分可动的元器件图形符号的规定位置或状态，下列说法不正确的是（　　）。

A．断路器、负荷开关和隔离开关处在断开位置

B．标有断开位置的多个稳定位置的手动控制开关处在断开位置

C．对应急操作、告警、继电器、接触器等控制电气元器件，应表示在设备正常工作时所处的位置

4．图幅分区法的标记“2/B3”的含义是（　　）。

A．第 2 张图中的 B 行 3 列

B．第 2 张图中的 3 行 B 列

C．第 3 张图中的 B 行 2 列

5．在电路图中，电气元器件的可动部分通常表示在（　　）。

A．激励、工作时的状态或位置

B．非激励、不工作时的状态或位置

C．非激励、工作时的状态或位置

6．不靠电磁力或人工操作的触点是（　　）的触点。

A．接触器　　　　B．按钮开关　　　　C．热继电器

三、简答题

1．在图 7—6 中的中断处，用图幅分区法标出用于表示连接线 L 去向的标记符号。

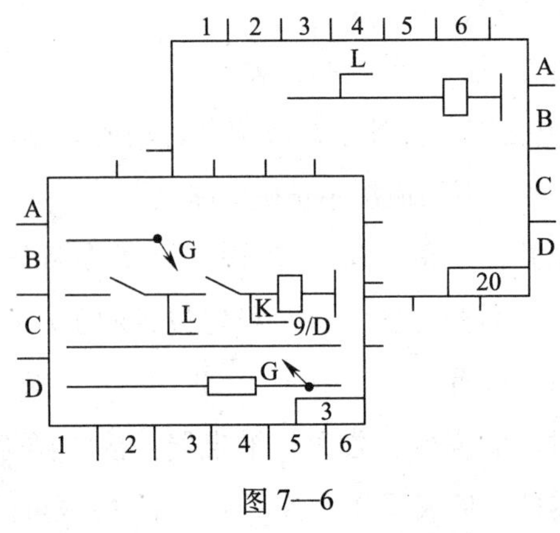

图 7—6

2．图 7—7 所示为用组合表示法绘制的双功放集成电路原理图，试将其改画成用分立表示法表示。

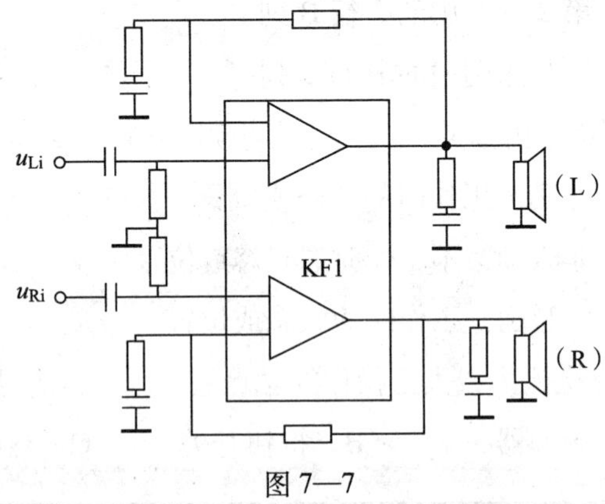

图 7—7

3．图 7—8 所示为用操作器件符号表示法绘制的某行程开关的触点位置，试将其改画成用坐标图形表示法表示。

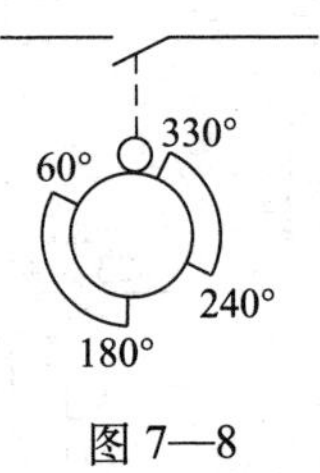

图 7—8

4．分析图 7—9 所示的电路图，并按要求回答下列问题。

（1）用表格法表示图中各电气元器件的位置。

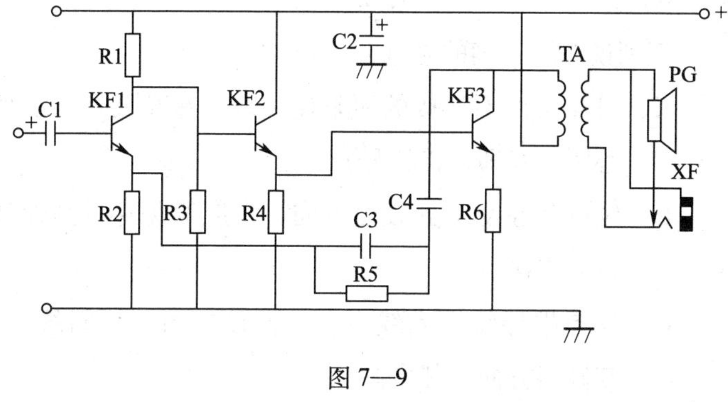

图 7—9

（2）用表格法表示元器件位置的特点是什么？

5．分析图 7—10 所示的电路图，并按要求回答下列问题。

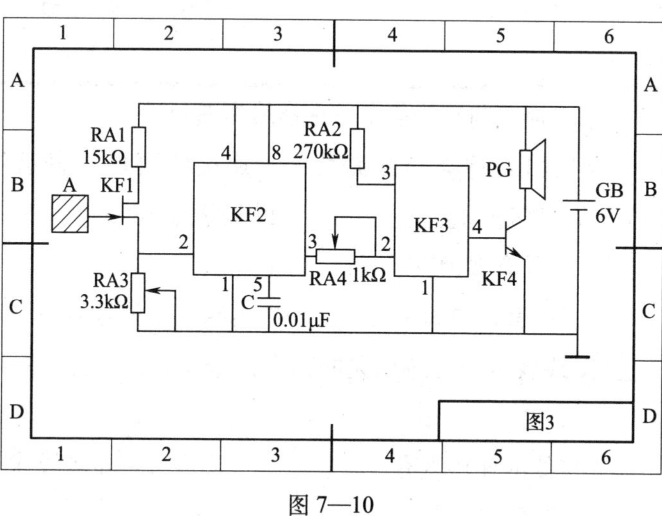

图 7—10

（1）图中元器件的位置是用什么表示法表示的？

（2）写出图中感应电极片 A、结型场效应管 KF1、电容器 C、扬声器 PG、三极管 KF4 的位置。

§7—3 连接线的表示方法

一、填空题（将正确答案填在横线空白处）

1．根据图的种类和图面情况，连接线可以是表示传输能量流、信息流的________，也可以是表示逻辑流、功能流的________，并有多种表示形式。

2．一般而言，电源主电路、一次电路、主信号通路等采用________图线表示，与之相关的其余部分采用________图线表示。

3．连接线的连接点有“________”形连接点和多线连接的“________”形连接点。

4．电气图中的________、________、多芯电线电缆等都可视为平行连接线。对含有多根去向相同的连接线的线束，可用________条图线表示。

5．对多导线的绘制可采用________表示方法和________表示方法表示。

6．连接线的标记一般置于水平连接线的________方、垂直连接线的________边，也可置于连接线的________处。

7．为了便于看图，对多条平行连接线，应按________分组。组间距应________线间距离。

8．当线束与线束相交时，表示线束的图线不必________。

二、选择题（将正确答案的序号填在括号内）

1．图形符号“——///——”表示（　　）根导线。

A．1　　B．2　　C．3

2．图形符号“——/3——”表示（　　）根导线。

A．1　　B．2　　C．3

3．下列说法不正确的是（　　）。

A．对交叉而不连接的两条连接线，在交叉处不能加实心圆点（即连接符号）

B．应避免在交叉处改变方向，也应避免穿过其他连接线的连接点

C．当单根导线汇入线束时，汇接处用一短斜线表示，其倾斜方向可任意画出

4．不能按功能分组的连接线可以任意分组，每组不多于（　　）条。

A．3　　B．4　　C．5

三、简答题

1．分析图 7—11 所示的电路图，并按要求回答下列问题。

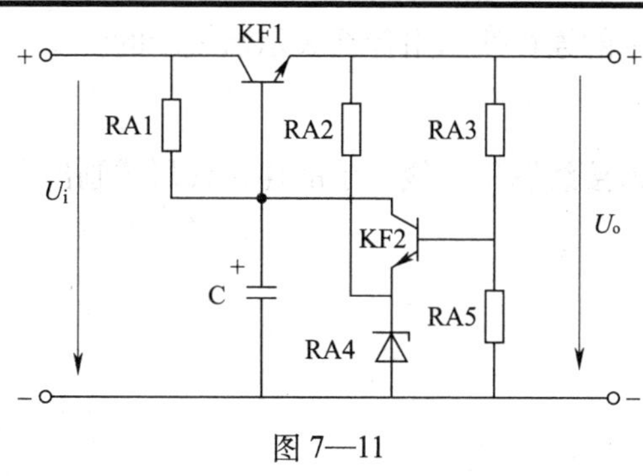

图 7—11

（1）图中的连接线是用什么表示法表示的？该表示法有何特点？

（2）图中的图形符号“—●—”表示什么含义？

（3）图中的图形符号“┬”表示什么含义？

2．分析图 7—12 所示的接线图，并按要求回答下列问题。

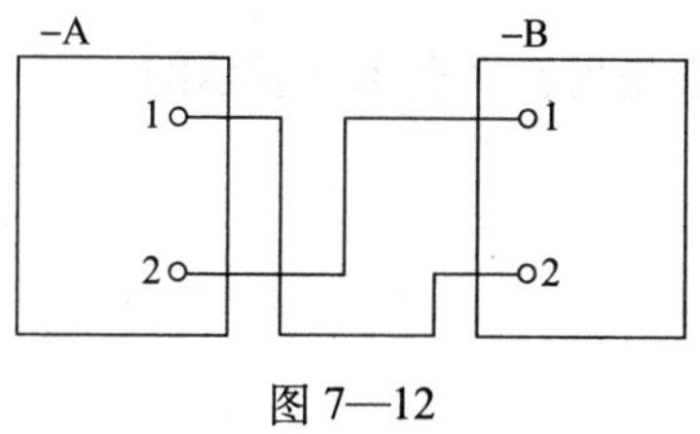

图 7—12

（1）图中的连接线是用什么表示法表示的？

（2）将该接线图用中断表示法表示的连接线形式画出。

3．分析图 7—13 所示接线图，并按要求回答下列问题。

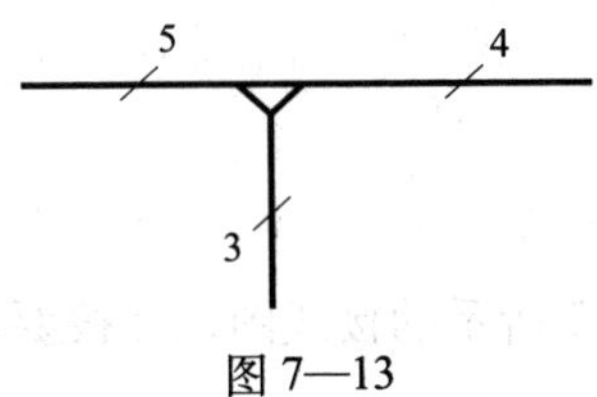

图 7—13

（1）图中线束是用什么表示法表示的？

（2）将该接线图用多线表示的连接线形式画出。

4．分析图 7—14 所示接线图，并按要求回答下列问题。

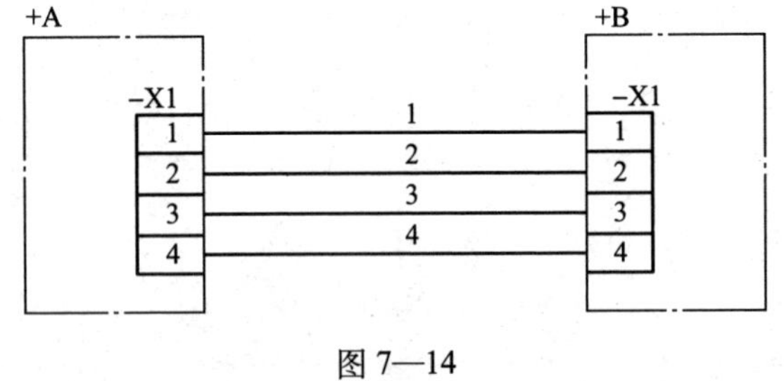

图 7—14

（1）图中的连接线是用什么表示法表示的？

（2）将该接线图用单线表示的连接线形式画出。

5．在图 7—15 中，电源开关 S 受音量电位器 RP 的旋轴控制，它是一个联动的带开关电位器，试判断图中有无错误，若有错误请改正。

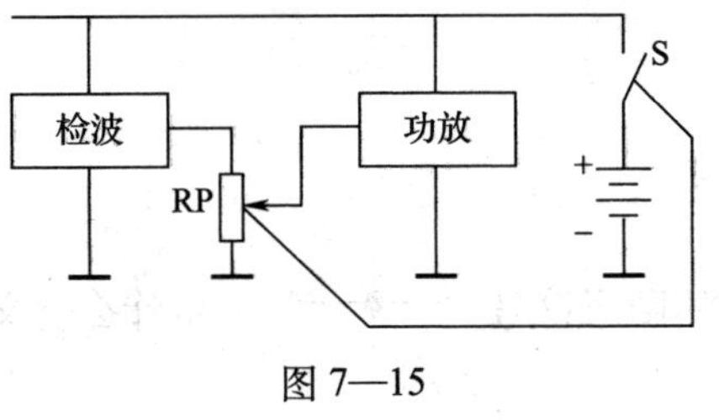

图 7—15

第八章　基本电气图

§8—1　概　略　图

一、填空题（将正确答案填在横线空白处）

1．概略图是一种__________地表达一个项目的全面特性的简图。

2．在框图中，框的表达形式有__________框和_________框两种，其中__________框包含的容量一般更多些。

3．当连接线与框图中的__________框相连时，连接线必须接到框内的图形符号上。当连接线与采用框形符号或带注释的实线框连接时，连接线要接到实线框的__________上。

二、选择题（将正确答案的序号填在括号内）

1．在概略图中，前向通路上的信息流向一般是（　　），且控制信号流向应与过程流向垂直。

A．从右到左、自下而上

B．从右到左、自上而下

C．从左到右、自上而下

2．框内注释同时采用图形符号和文字的是（　　）。

A.　　B. ON　　C. 启动/停止 手动/自动

3．通常在较高层次的概略图上标注（　　）的参照代号。

A．产品面　　B．功能面　　C．位置面

4．由于框图不具体表示项目的实际连接线和安装位置，所以一般不标注（　　）。

A．参照代号　　B．端子代号　　C．字母代码

5．（　　）框图就是指概略地表达成套或整体单机、单台形式的机电产品电路的框图。

A．整机电路　　B．系统电路　　C．集成电路内电路

三、简答题

1．分析图 8—1 所示控制系统概略图，并按要求回答下列问题。

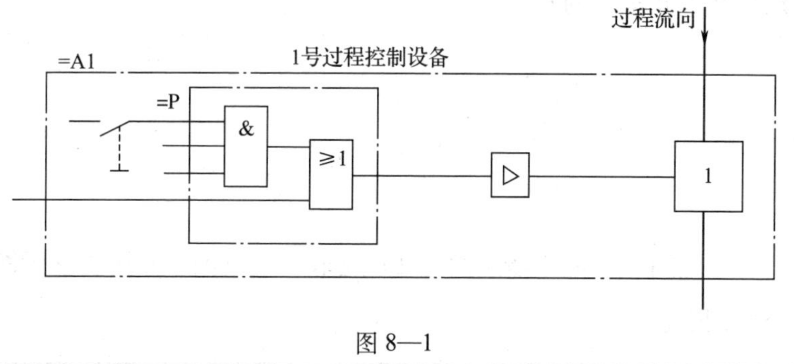

图 8—1

（1）图中控制信号流向与过程流向是怎样绘制的?

（2）图中连接线与点画线框、实线框连接有何不同?

（3）该概略图处于什么层次？为什么?

（4）项目“=A1”与项目“=P”属于什么关系？这种关系是用什么方式呈现的?

2．分析图 8—2 所示的无线电接收机概略图，并按要求回答下列问题。

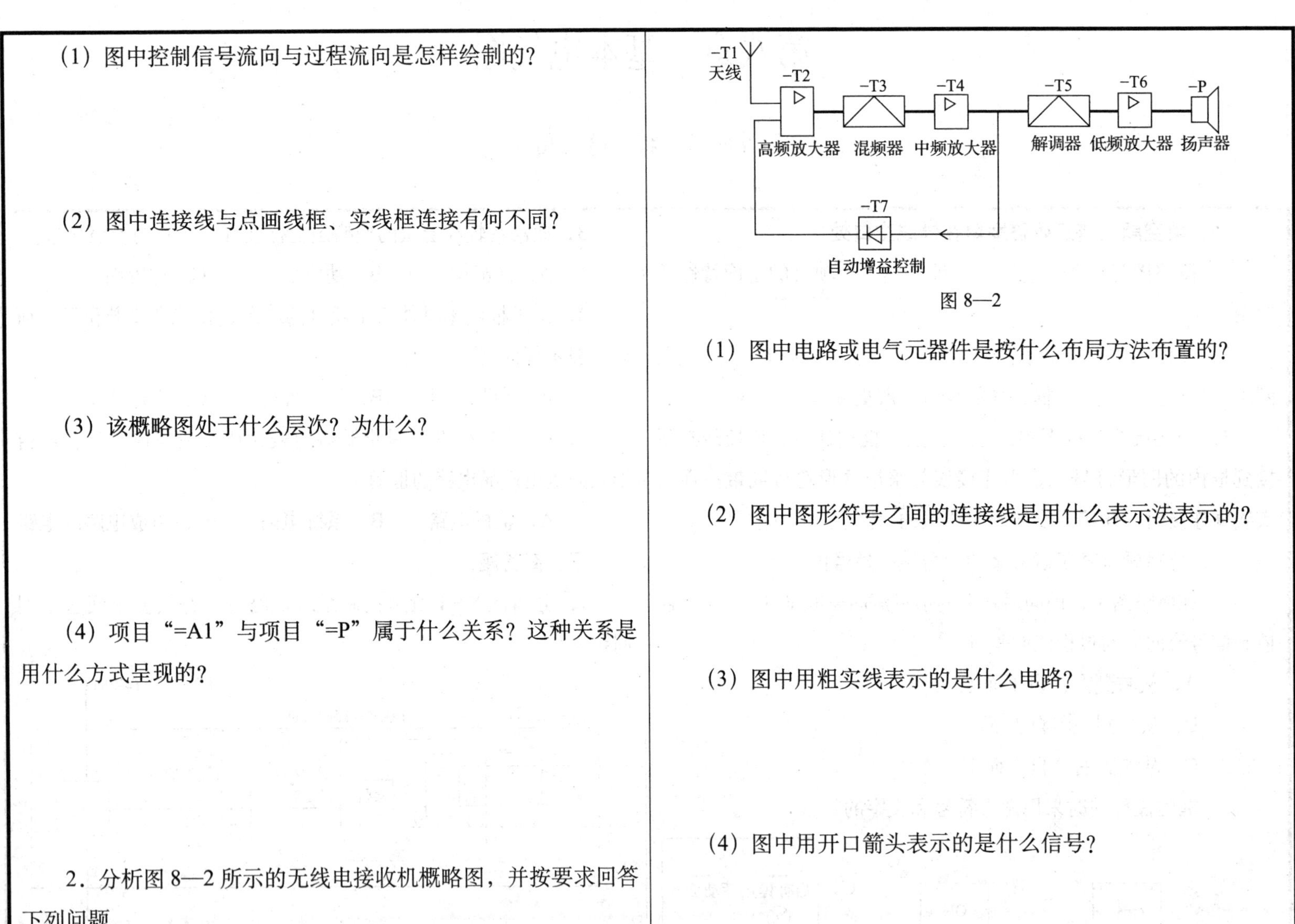

图 8—2

（1）图中电路或电气元器件是按什么布局方法布置的?

（2）图中图形符号之间的连接线是用什么表示法表示的?

（3）图中用粗实线表示的是什么电路?

（4）图中用开口箭头表示的是什么信号?

3．分析图 8—3 所示水泵电动机控制系统概略图，并按要求回答下列问题。

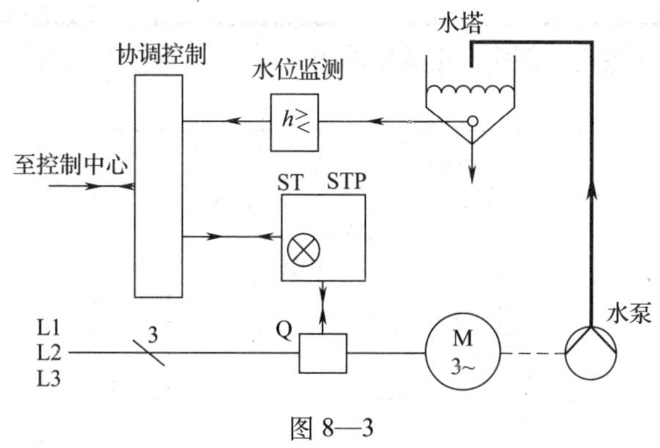

图 8—3

（1）图中机械连接线是用什么线表示的？

（2）非电过程流程的连接线是用什么线绘制的？用什么符号表示非电信号流向及过程流向？

4．分析图 8—4 所示稳压电源电路框图，并按要求回答下列问题。

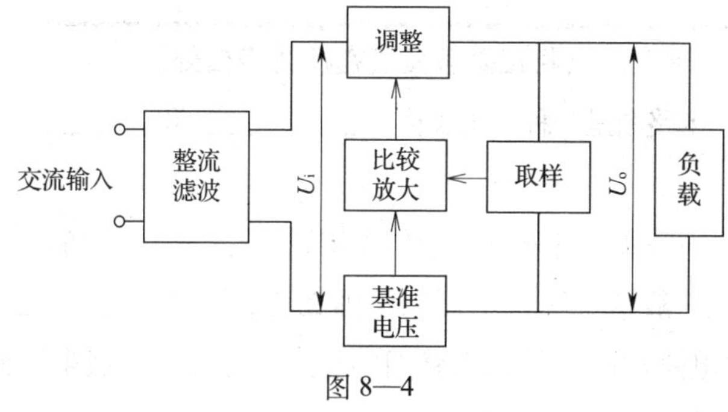

图 8—4

（1）什么是框图？

（2）图中用开口箭头表示表达出什么信息？

（3）按框图的规定画法抄绘该图。

§8—2 电 路 图

一、填空题（将正确答案填在横线空白处）

1．电路图是一种用来表达__________和__________的简图。

2．同等重要并联支路应依主电路________布置。

3．一般情况下，电源电路画在电路图中的__________，信号源电路常画在整机电路图的______侧，负载电路画在整机电路图的________侧。

二、选择题（将正确答案的序号填在括号内）

1．关于电路图中连接线的表示方法，下列说法不正确的是（　　）。

A．电路中过长的连接线可采用中断线的表示法

B．电路图中的连接线必须按水平布置

C．电路图中连接线的交叉、弯折一般应成直角，且应路径最短

2．为了强调功能关系，图中功能相关项目的图形符号应（　　），使其关系表达得更加清晰。

A．集中在一起，彼此靠近　　B．分开

3．当电路垂直布置时，类似项目宜（　　）对齐。

A．横向　　　　　　　　　　B．纵向

4．下列电路图中，电源电路用“+”“-”符号表示的是（　　）。

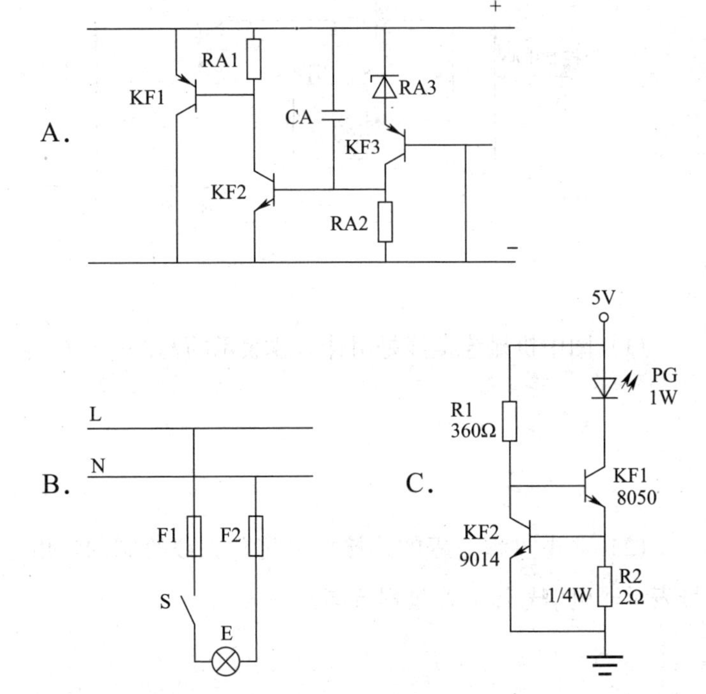

5．对整机电路的直流电路的分析，一般是按（　　）的顺序进行，这是因为电源电路通常画在整机电路图的右侧下方。

A．从右向左　　　　　　　　B．从左向右

三、简答题

1．图 8—5 中的电阻 R 是电容器 C 的放电电阻，试根据电路的布局原则将图中的错误改正。

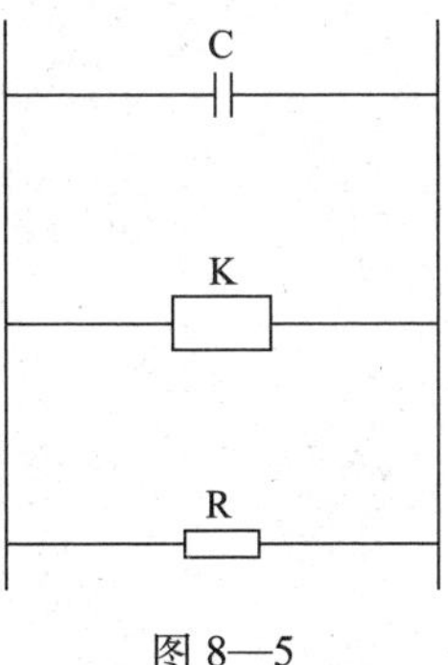

图 8—5

2．按电路的布局原则改正图 8—6 中的错误。

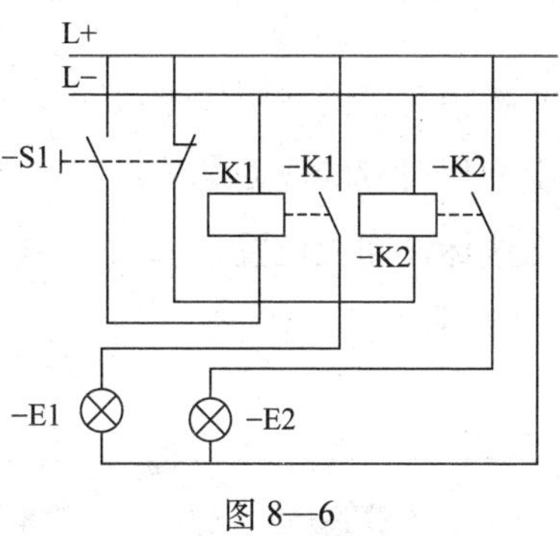

图 8—6

3．根据图 8—7 所示实物图，在其右侧空白处画出直流电源电路图。

画图要求：

（1）标注与实物相对应的参照代号；

（2）标注与实物相对应的数据参数；

（3）采用表格法标注图上位置。

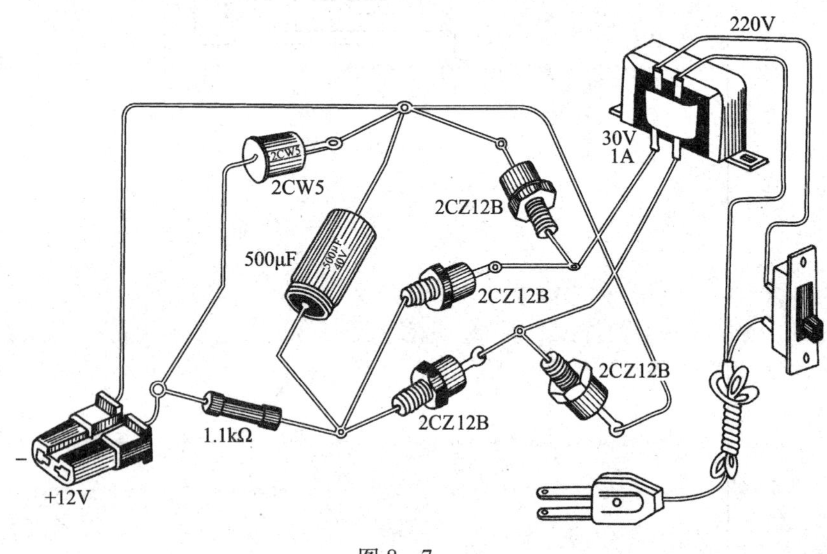

图 8—7

4．分析图 8—8 所示的电路图，并按要求回答下列问题。

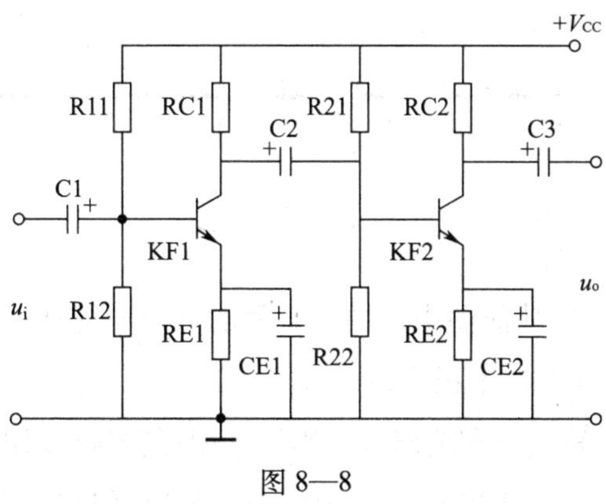

图 8—8

（1）图中直流电源电路是采用什么表示方法表示的？

（2）图中电气元器件是按什么布局方法布局的？

（3）电路垂直布置时，类似项目是按什么要求布局的？

（4）信号是按什么方向传输的？

（5）按电路图的规定画法抄绘该图。

§8—3 功 能 图

一、填空题（将正确答案填在横线空白处）

1．功能图是一种用于表示项目成分之间的________联系的简图。

2．功能图中使用的图形符号一般都是________类型的符号，其中应用最多的是功能________符号。

3．逻辑功能图是使用______进制逻辑元件符号的一种功能图。

4．逻辑功能图按用途分为________逻辑图和________逻辑图两类。

5．方框有________框、________框和____________框三种。

二、选择题（将正确答案的序号填在括号内）

1．下列图形符号中含有总限定符号的是（　　）。

A．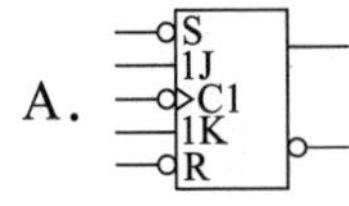

B．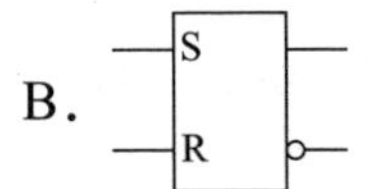

C．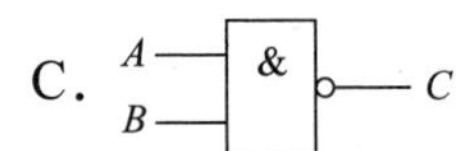

2．“或”单元图形符号是（　　）。

A．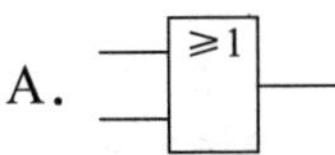

B．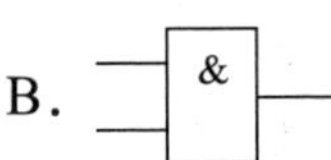

C．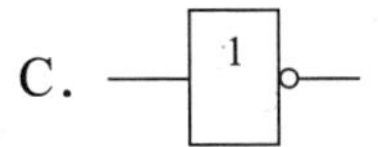

3．逻辑非的图形符号是（　　）。

A．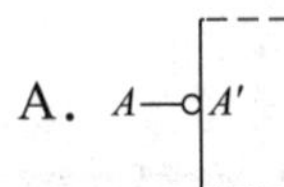

B．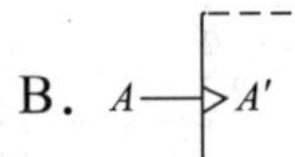

C．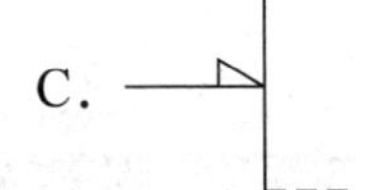

4．“与”单元图形符号是（　　）。

A．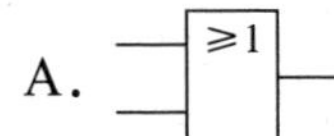

B．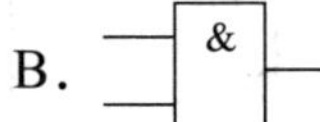

C．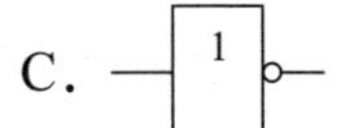

5．在逻辑功能图中，图形符号的方位不能任意改变。关于此规则，下列说法不正确的是（　　）。

A．输入线和输出线分别置于图形符号相对的两侧

B．输入线和输出线与图形符号的框线相垂直

C．一般输入线在右侧而输出线在左侧

6．下列选项中与已知图相当的是（　　）。

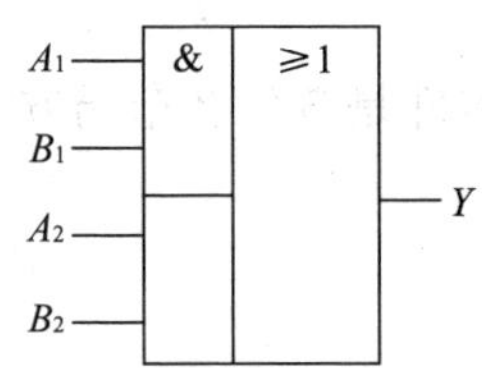

A．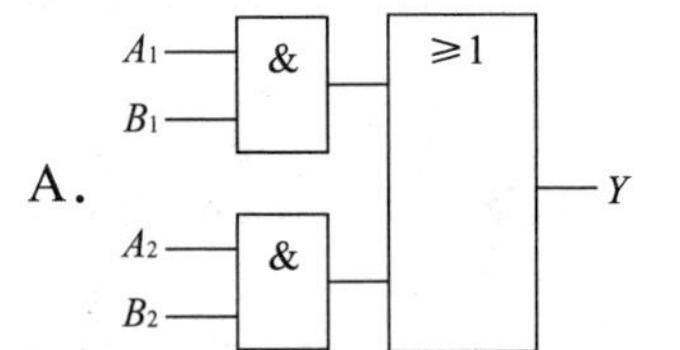

B．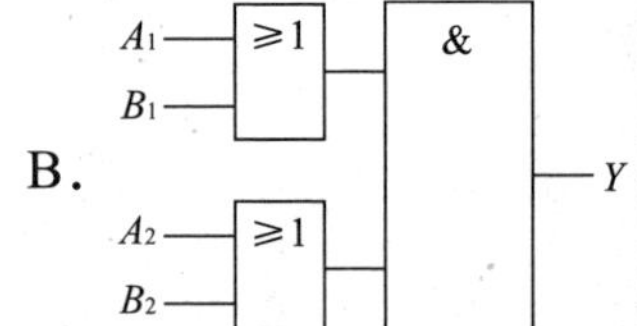

三、简答题

分析图 8—9 所示异或逻辑功能图（纯逻辑图），并按要求回答下列问题。

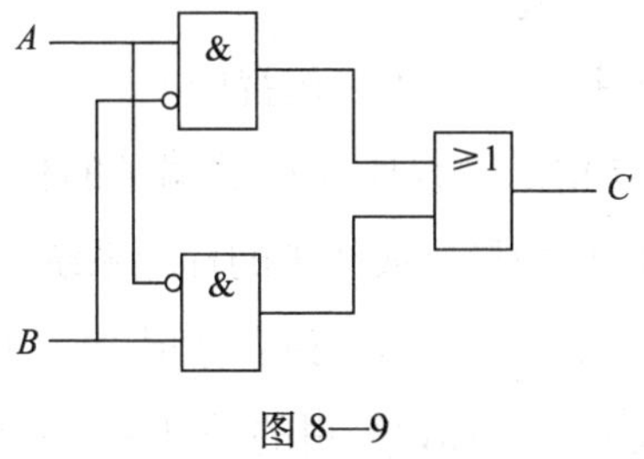

图 8—9

（1）图中用于表示电气元器件的图形符号是按什么布局法布局的？

（2）图中的信息流向是怎样的？

（3）当一个信号输出给多个单元时，应以什么连接方式接到各个单元？

（4）通过增加非单元，用正逻辑约定画出与之对应的详细逻辑图。

§8—4 接 线 图

一、填空题（将正确答案填在横线空白处）

1．接线图中的项目一般用__________、__________、圆形等简化外形符号表示。简化外形符号常用__________线绘制，有时也用点画线围框表示，但有引出线的围框边应用________线绘制。

2．接线图中的端子一般用____________和____________表示。

3．接线图中常用的导线识别标记主要有________标记和________标记。

4．矩阵布局形式适用于________________________的导线连接。

5．接线面背后的项目或导线可采用________线绘制。当背后项目用图形符号表示时，应采用________线绘制。

6．接线图一般分为__________接线图、____________接线图和________接线图。

二、选择题（将正确答案的序号填在括号内）

1．用来表达项目组件或单元之间物理连接信息的简图称为（　　）。

A．电路图　　B．概略图　　C．接线图

2．接线图应选择最能清晰表示出各个项目、端子和布线最多的一面作为（　　）。

A．主视图　　B．俯视图　　C．左视图

3．（　　）是指以导线所连接的端子的标记或线束所连接的设备的标记为依据的导线或线束的标记系统。

A．从属标记　　B．独立标记　　C．补充标记

4．图中导线的中断标识采用的是（　　）标记。

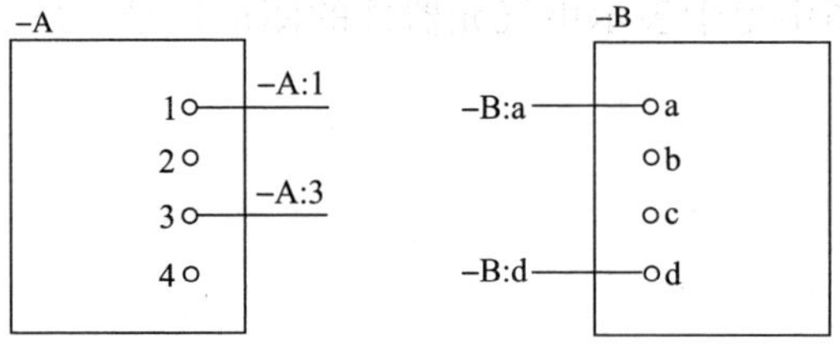

A．从属本端　　B. 独立　　C．从属远端

5．图中电缆线采用的是（　　）标记。

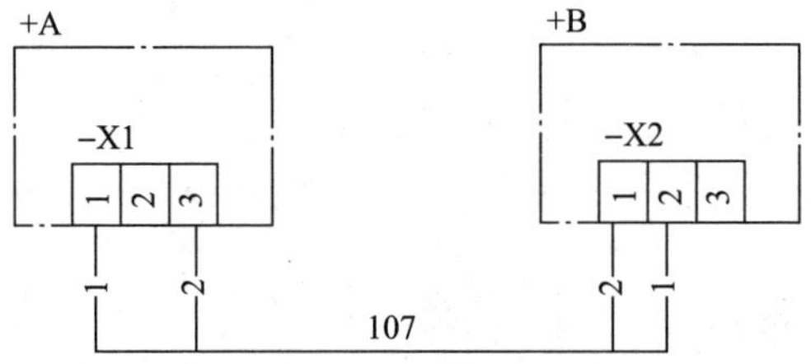

A．从属本端　　B．独立　　C．从属远端

三、简答题

1．分析图 8—10 所示的单元接线图，并按要求回答下列问题。

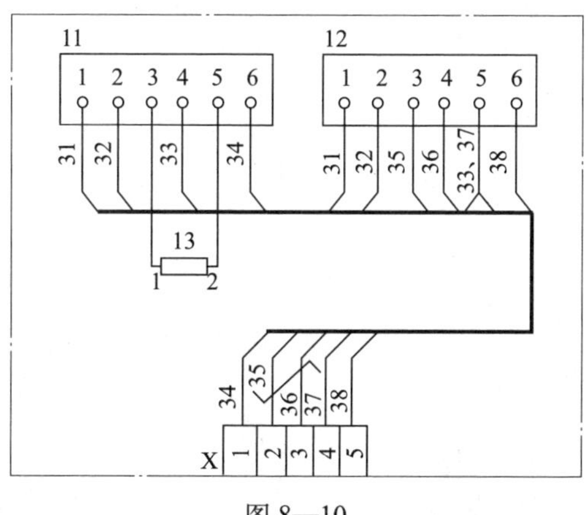

图 8—10

（1）图中单元包括哪几个项目？它们采用什么符号表示？

（2）图中线束是用什么方法表示的？

（3）图中图形符号“”表示的是什么含义？

（4）图中采用了什么方式的导线识别标记？其作用是什么？

（5）为什么项目 11 和项目 13 之间有两根互相连接线没有编号？

（6）将图 8—10 改画为用中断表示法表示。

2．分析图 8—11 所示的互连接线图，并按要求画图。

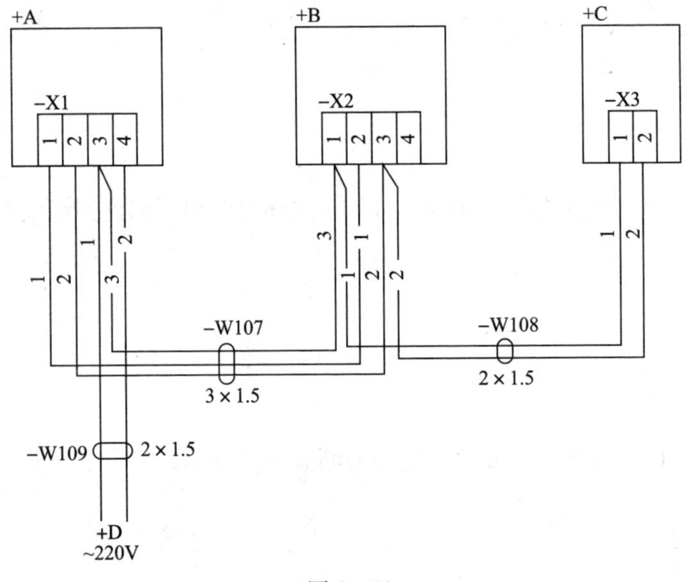

图 8—11

(1) 将图用单线表示法表示。

(2) 将图用中断表示法表示。

3．图 8—12 所示为某连接器矩阵布局形式的接线图。-X9:1 信息为 L+（5 V），-X9:2 信息为 L-（-5 V），-X9:3 信息为 M（0 V），-X9:4 信息为时钟，-X9:5 信息为传输。试画出矩阵布局形式的简化接线图。

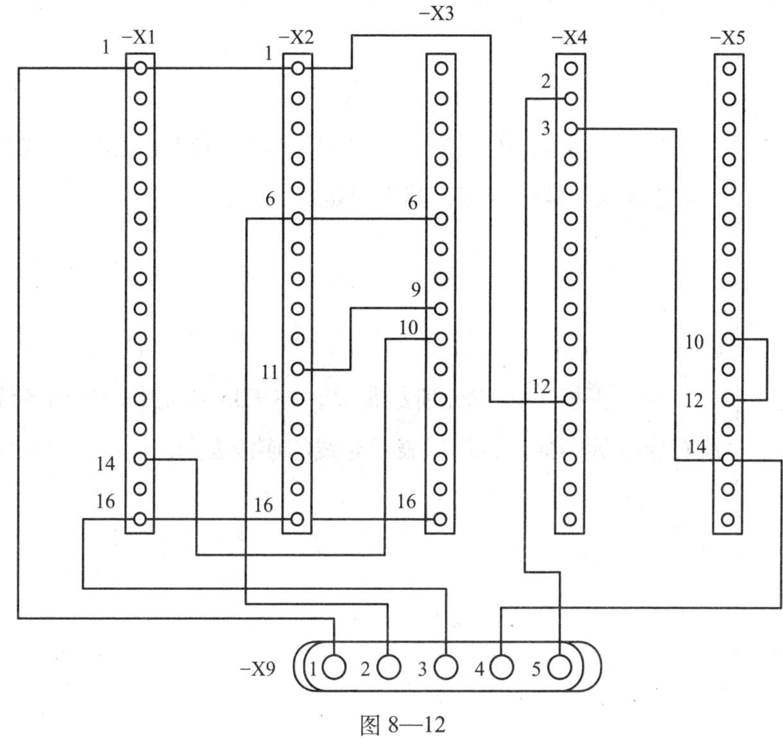

图 8—12

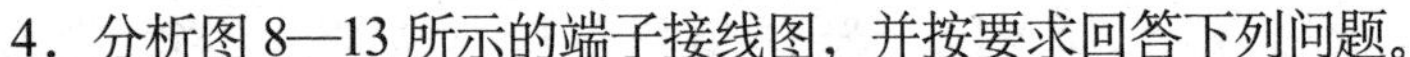
4．分析图 8—13 所示的端子接线图，并按要求回答下列问题。

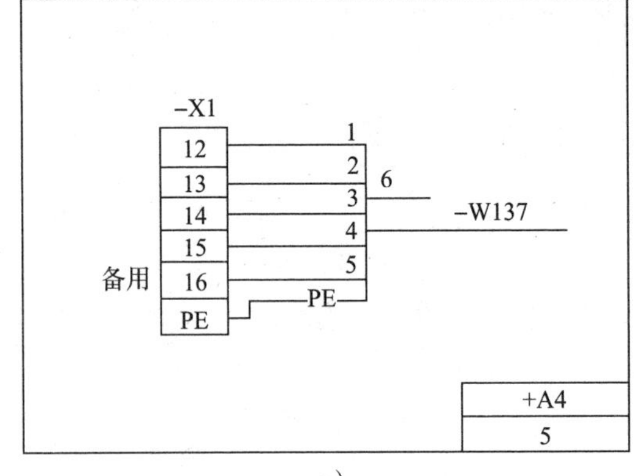

a）

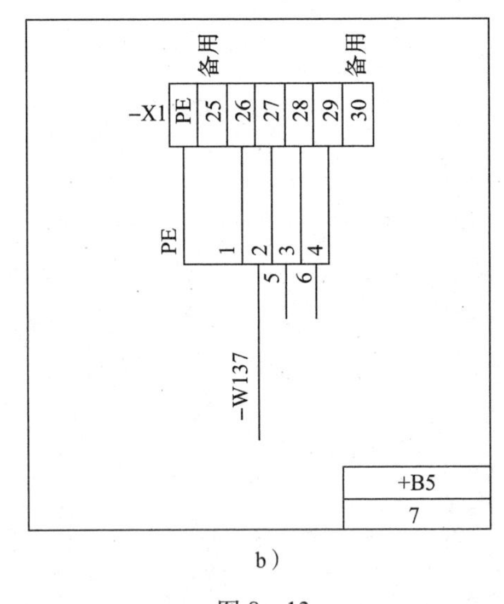

b）

图 8—13

（1）在 +A4 单元中线芯标“PE”的是什么接线？

（2）在 +A4 单元中有几条电缆？电缆号是多少？

（3）在 +A4 单元中，“-W137”号电缆有几根芯线？其中，6 号芯线未与端子连接，其作用是什么？

（4）根据 +A4 单元所给信息，在 +B5 单元中标注出各线芯所对应的远端标记，用以表示导线的连接去向。

5．分析图 8—14 所示的某小型柴油发电机组接线图，并按要求回答下列问题。

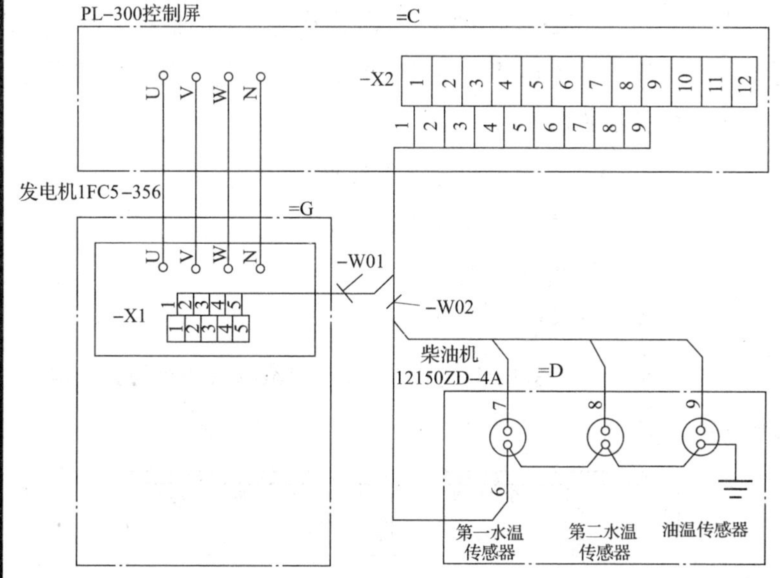

图 8—14

（1）该接线图属于哪种类型的接线图?

（2）图中电气元器件是按什么布局方法布局的?

（3）图中项目是用什么表示方法表示的?

（4）图中端子板 -X1 与端子板 -X2 之间的连接线是用什么表示方法表示的?

（5）图中端子板 -X1 与端子板 -X2 之间的连接线采用了什么识别标记?

（6）写出端子板 -X1 上端子的端子代号。

§8—5 电气布置图

一、填空题（将正确答案填在横线空白处）

1．在电气图中，用来表达项目____________________信息的图称为电气布置图。

2．电气布置图中的电气元器件通常用__________________________________或____________来表示。

3．在电气布置图中，如果要求示出导线，一般用________表示法绘制，只有在需要表明复杂连接的________时，才允许采用多线表示。

4．在电气布置图中，可借助于物体的____________、物体的____________和它们之间的距离以及____________________等信息确定物体的相对位置或绝对位置及其尺寸。

二、选择题（将正确答案的序号填在括号内）

1．电气布置图是按照（　　）布局方法布置的，图形符号应表示在电气元器件所在的大概位置。

A．位置　　　　B．功能

2．（　　）是一种用以提供室内电气设备安装位置信息的布置图。

A．室内电气设备布置图　　　　B．室内电气设备安装简图

C．电气设备装配图

3．关于室内电气设备布置图，下列说法不正确的是（　　）。

A．其基础图是建筑物图

B．图形符号应表示在元器件的大概位置

C．必须给出各元器件间连接关系的信息

4．（　　）是一种用以提供室内电气设备安装位置和连接关系的布置图。

A．室内电气设备布置图

B．室内电气设备安装简图

C．屏面布置图

三、简答题

1．分析图 8—15 所示的某控制室内设备布置图，并按要求回答下列问题。

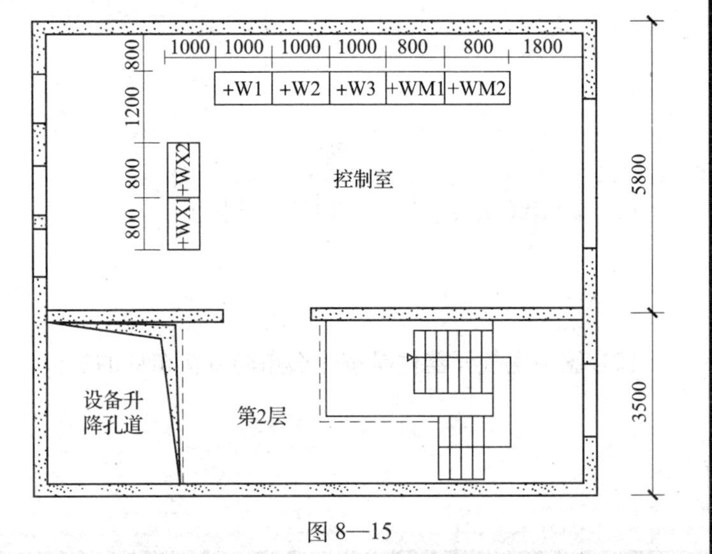

图 8—15

（1）该图是按照什么方法布置的？

（2）该图是否给出了各电气设备间连接关系的信息？

（3）该图是怎样确定各电气设备的安装位置的？

（4）图中表示项目的参照代号是按什么面给出的？其标记是什么？

（5）在图中描画出表示建筑物的图线部分。

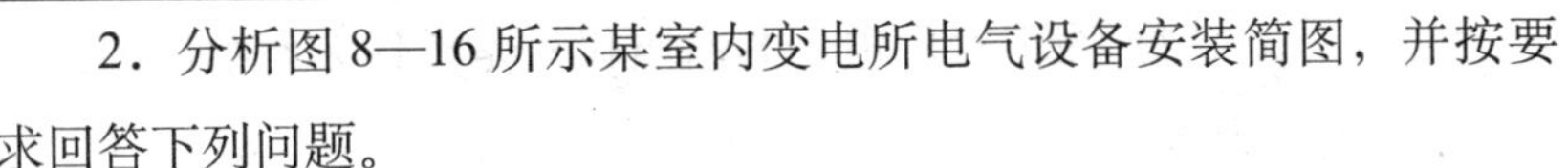

2. 分析图 8—16 所示某室内变电所电气设备安装简图，并按要求回答下列问题。

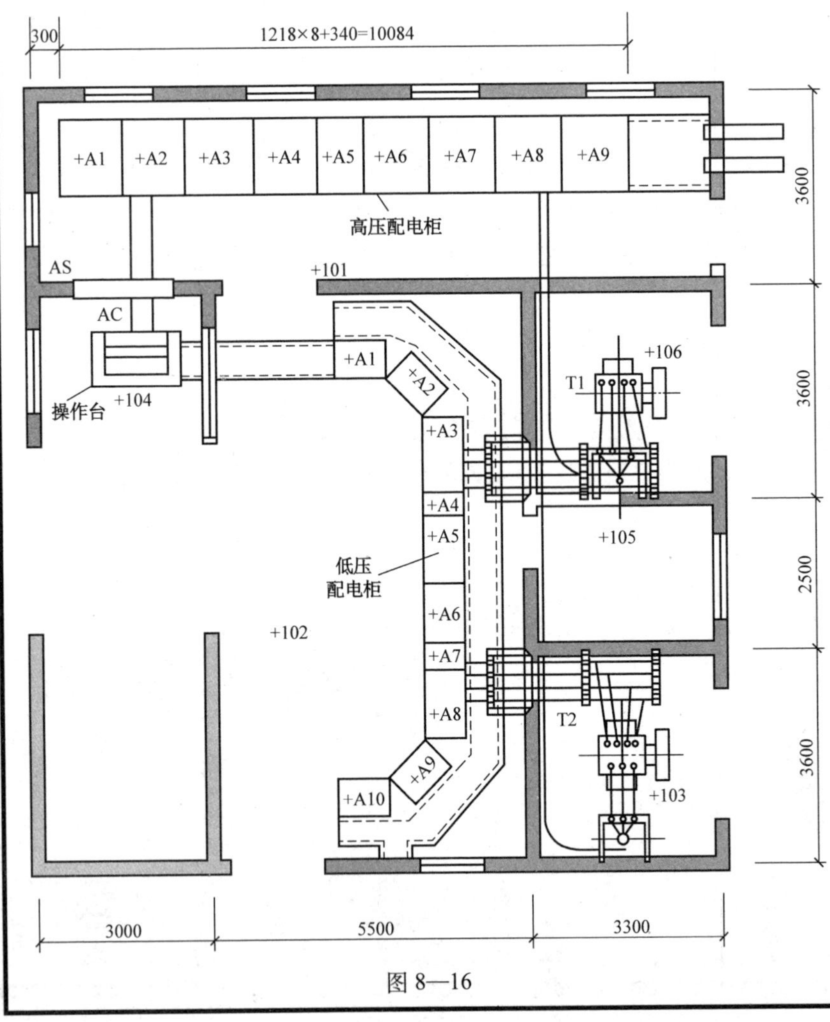

图 8—16

(1) 该图是按照什么方法布置的？

(2) 该图是怎样确定各电气设备的安装位置的？

(3) 图中变压器 T1 和 T2 的高压侧与高压配电柜相连，其连接线是按什么表示方法绘制的？该表示方法用于表示什么？

(4) 图中变压器 T1 和 T2 的低压侧与低压配电柜相连，其连接线是按什么表示方法绘制的？该表示方法用于表示什么？

第九章　特种用途专业电气图

§9—1　印制板图

一、填空题（将正确答案填在横线空白处）

1．印制板图是一种用以指导____________加工制作、焊接和装配的图样，是____________的简称。

2．按照用途的不同，印制板图可分为____________图和____________图两大类。

3．按照用途的不同，印制板零件图可分为_________图、导电图形图和_________图三种形式。

4．印制板结构要素图实际上是一种_________图，主要包括____________、____________和有关技术要求等内容。

5．印制板导电图形、引线孔和其他结构要素的位置和尺寸一般用_________法或____________法确定。

6．导电图形一般采用_______线轮廓绘制。

7．在一般情况下，导电图形尽量采用________的印制导线。

8．在印制板上，标记符号一般印制在________________的一面。

9．印制板装配图中的可见跨接导线用_________线绘制，不可见跨接导线用______线绘制。

10．印制板电气图是一种用_______法和______法绘制的简图。

11．印制板装配图中一般不画出_________图形，如需表示反面的________图形，可采用_______或_______表示。

二、选择题（将正确答案的序号填在括号内）

1．印制板（　　）是一种主要用于表示印制导线、连接盘的形状以及它们之间的相互位置的图样。

A．导电图形图　　B．结构要素图　　C．标记符号图

2．当印制导线宽度小于（　　）mm 或宽度基本一致时，可采用单线绘制。

A．1　　B．10　　C．100

3．公共地线应尽可能布置在印制电路板的（　　），便于印制电路板安装以及与地相连。

A．最边缘　　B．最中间　　C．任何位置

4．对双面印制板布线时，正确的方法是（　　）。

A． 　　B．

5．对于严格控制寄生电容影响的高阻抗信号线，要使用（　　）形印制导线。

A. 宽　　B. 短　　C. 窄

6. 连接盘的直径一般比引线孔直径大（　　）mm 以上。

A. 0.01　　B. 0.6　　C. 6

7. 一般引线孔要稍大于元器件引线直径（　　）mm。

A. 0.3 ~ 0.5　　B. 0.3 ~ 5　　C. 3 ~ 5

8. 印制板（　　）是按照元器件在印制板上的实际装接位置，采用元器件的图形符号、简化外形，以及它们在电路图、逻辑图中的参照代号和装接位置标记等绘制的图样。

A. 导电图形图　　B. 结构要素图

C. 标记符号图

9. 印制板（　　）是指用以表示元器件、结构件与印制板连接关系的图样，主要用于指导元器件和结构件的焊接。

A. 装配图　　B. 零件图　　C. 标记符号图

10. 当印制板只有一面装有元器件和结构件时，应以该面为（　　）。

A. 主视图　　B. 俯视图　　C. 后视图

11. 下列印制导线形状符合要求的是（　　）。

A.　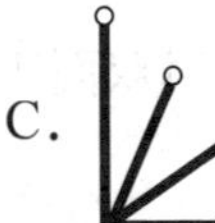　B.　C.

12. 下列印制导电图形图不是采用双线轮廓绘制的是（　　）。

A. 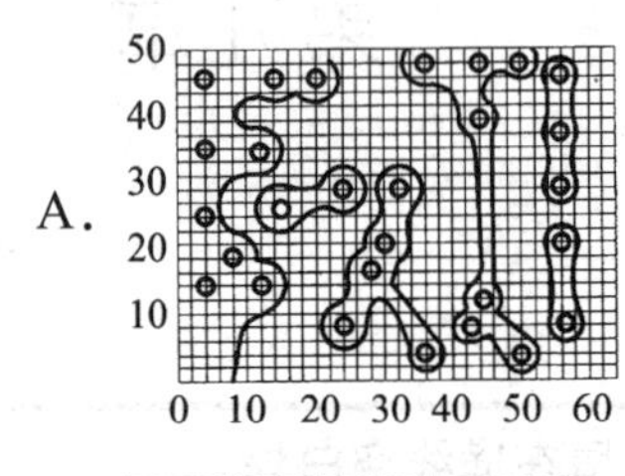

B. 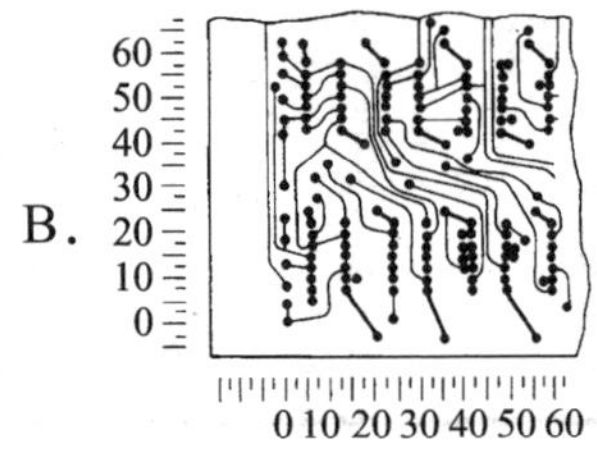

C. 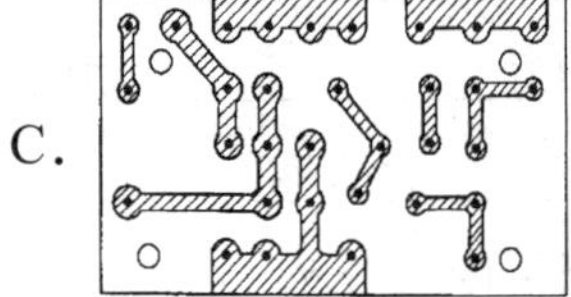

三、简答题

1. 分析图 9—1 所示的印制板图，并按要求回答下列问题。

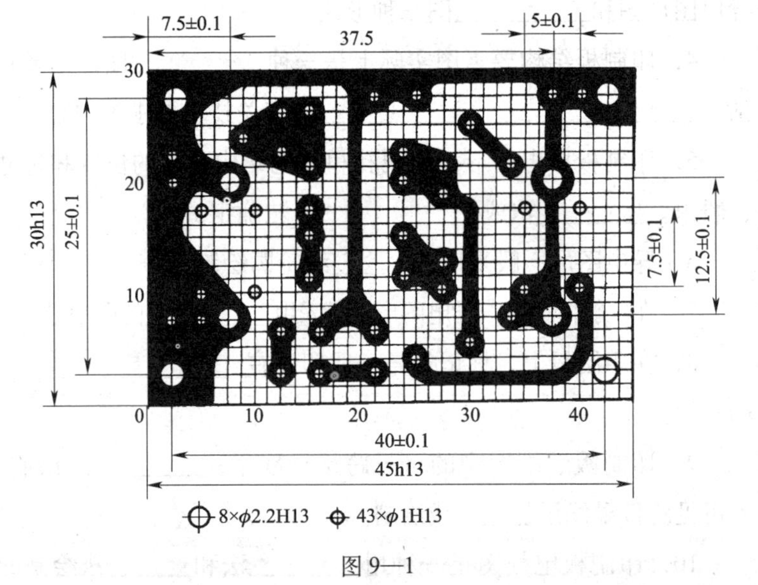

图 9—1

（1）图中导电图形、引线孔和其他结构要素的位置和尺寸是用什么方法确定的？

（2）图中坐标原点是怎样选择的？

（3）图中引线孔的中心应设置在什么位置？

（4）导电图形弯折处为什么应尽量呈圆弧状？

（5）在布线面积允许的情况下，为什么要尽量采用较大的导线间距？

（6）图中导电图形是用几线绘制的？

（7）图中安装孔的中心应设置在什么位置？

（8）图中 ϕ2.2 mm 的孔有多少个？ϕ1 mm 的孔有多少个？

（9）印制板的厚度是多少？

2．分析图 9—2 所示的印制板标记符号图，并按要求回答下列问题。

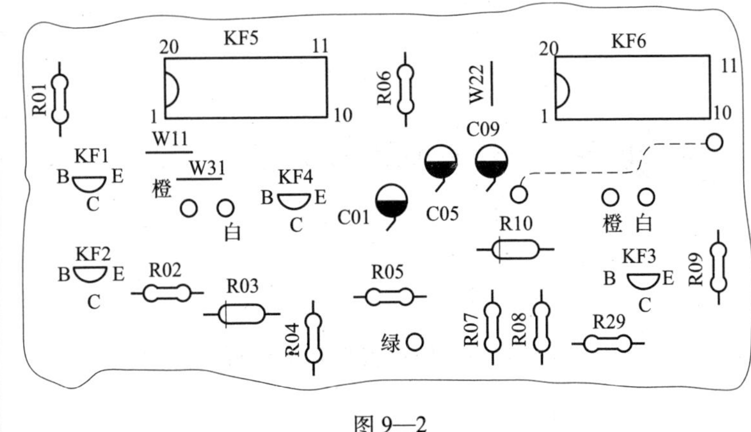

图 9—2

（1）标记符号一般布置在印制板的什么面?

（2）图中元器件主要采用什么符号表示?

（3）指出图中的标注位置标记的元器件，并说明其特点。

3．分析图 9—3 所示的印制板装配图，并按要求回答下列问题。

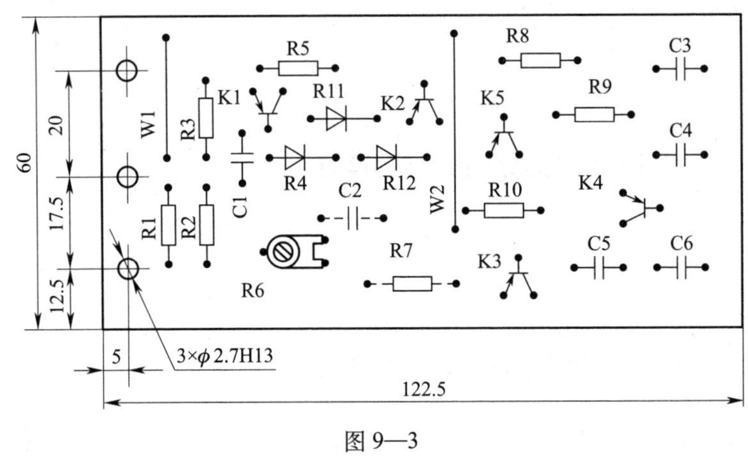

图 9—3

（1）图样中的外形尺寸、安装尺寸和与其他零部件的连接尺寸是用什么方法确定的?

（2）图示印制板反面上的元器件或结构件是怎样表示的?

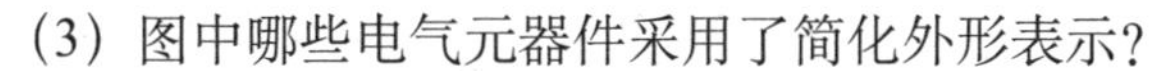
(3) 图中哪些电气元器件采用了简化外形表示?

(4) 图中哪些电气元器件是用图形符号表示的?

(5) 图中有几个安装孔?其直径是多少?

4．分析图 9—4 所示发光二极管电平指示电路图，设计出该电路图的导电图形图。

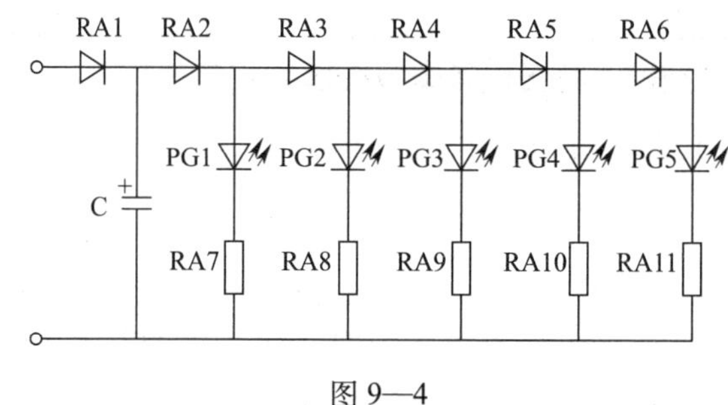

图 9—4

§9—2 线 扎 图

一、填空题（将正确答案填在横线空白处）

1．线扎图是用来表示________按布线及接线要求________的图样。

2．线扎图是按________原理绘制的。

3．按图例方式绘制线扎图时，线扎中的各种导线均采用________线绘制。

4．按结构方式绘制线扎图时，线扎图的主干和分支应按其外形轮廓采用________线绘制，始端和末端的单根导线用________线绘制。

二、选择题（将正确答案的序号填在括号内）

1．按图例方式绘制线扎图时，各单根导线与线扎的汇合处用可表示进入或抽出方向的（　　）斜线连接。

A．15°　　B．45°　　C．90°

2．按结构方式绘制线扎图时，电缆线按实物简化外形绘制，绑扎处（线）可用（　　）表示。

A．双细实线　　B．单根粗线　　C．双粗实线

3．线扎图属于（　　）。

A．概略图　　B．装配图　　C．功能性简图

4．当采用（　　）的比例绘制时，可允许不标注尺寸，但当采用断裂画法时，仍需标注尺寸。

A．1∶1　　B．10∶1　　C．1∶10

5．（　　）表示向下折弯 90°。

A．⊙　　B．⊕→　　C．⊕

6．（　　）表示向上折弯 90° 后再按箭头方向折弯 90°。

A．⊙→　　B．⊕→　　C．⊕

三、简答题

1．图 9—5 所示为按图例方式绘制的线扎图，试将其改用结构方式绘制。

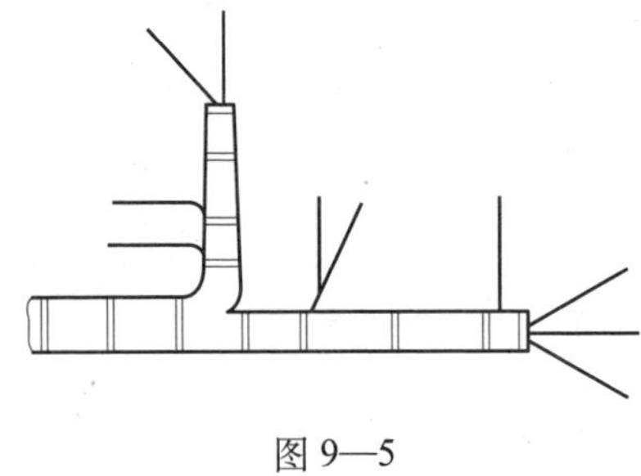

图 9—5

2．分析图 9—6 所示线扎图，并按要求回答下列问题。

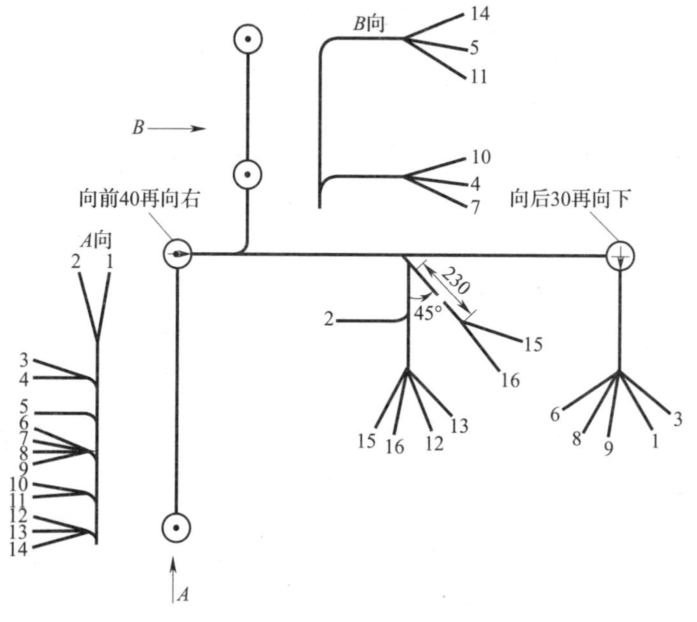

图 9—6

（1）该图是按什么方式绘制的线扎图?

（2）图中线扎的主干、分支是怎样表示的?

（3）在表 9—1 中写出所列图形符号的含义。

表 9—1

图形符号	含义

(4) 图中的 A 向、B 向分别表示什么含义?

(5) 对于非 90° 折弯，图中是怎样标注其折弯角度的?

(6) 图中采用断裂画法的位置，标注的尺寸是多少?

§9—3 流 程 图

一、填空题（将正确答案填在横线空白处）

1．流程图是用__________、__________等图形表示完成某种功能的符号，然后用__________按流程途径方向连接起来的简图。

2．流程的绘制方向一般按____________、____________布置。当流程不按此规定时，要用__________指示流程方向。

3．流程图主要用来说明某一过程，这种过程既可以是生产线上的__________过程，也可以是完成一项任务必需的__________过程。

二、选择题（将正确答案的序号填在括号内）

1．关于流程线，下列叙述不正确的是（　　）。

A．流程线可以交叉，但应当尽量避免流程线的交叉

B．交叉的流程线之间没有任何逻辑关系，不对流向产生任何影响

C．当两根或更多流程线汇集为一根流程线时，各连接点应绘制在一起

2．符号标识符要写在图形符号的（　　）。

A．右上角　　B．右下角　　C．左上角

3．符号描述符要写在图形符号的（　　）。

A．右上角　　B．左下角　　C．左上角

4．在流程图中，用图形符号（　　）表示判定。

A．◇ 　　B．▱ 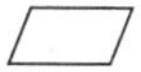　　C．⬭

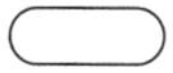

5．在流程图中，用图形符号（　　）表示端点。

A．□ 　　B．○　　C．⬭

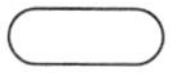

三、简答题

1．在图 9—7 中，用连接符号将流程线截断的目的是什么？

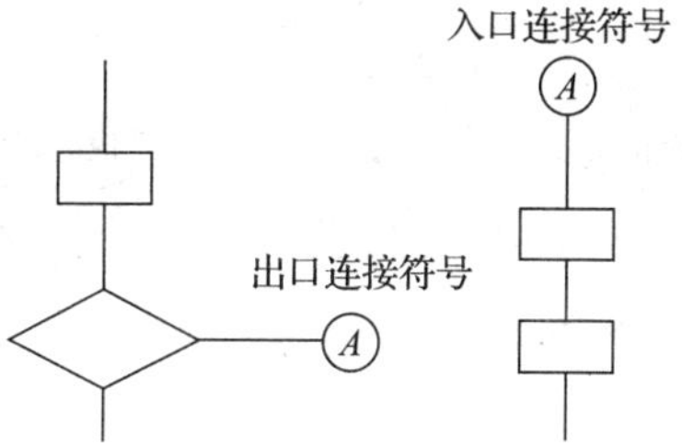

图 9—7

2．分析图 9—8 所示的某液晶显示器电源指示灯不亮、无显示故障维修流程图，并按要求回答下列问题。

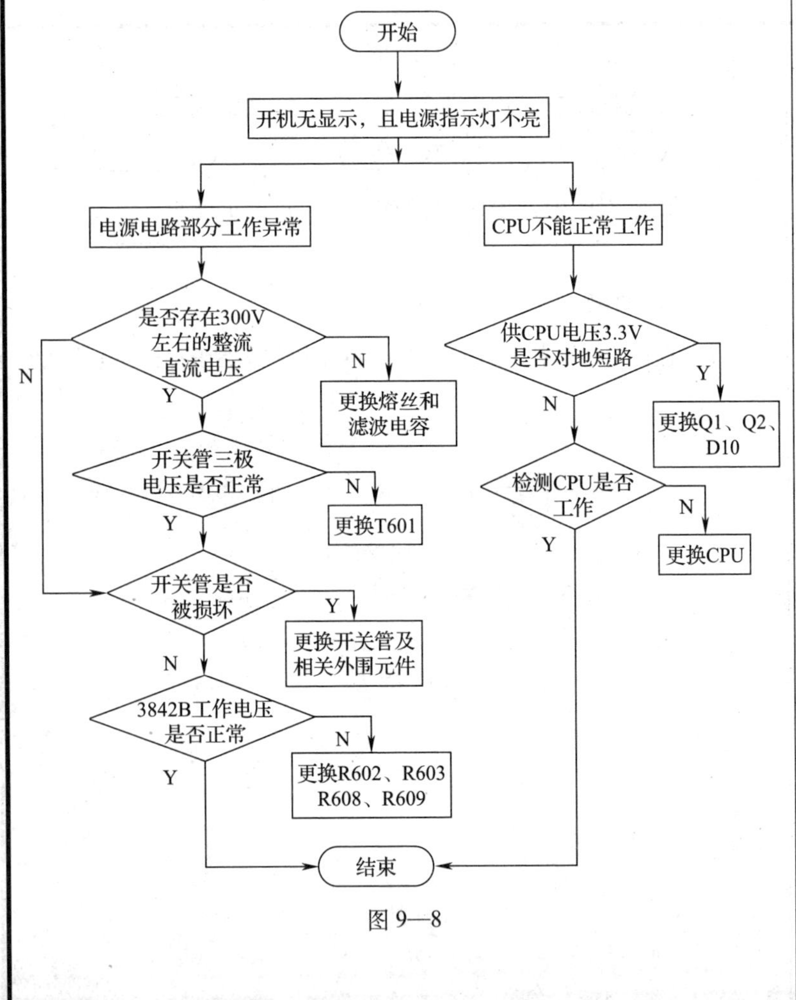

图 9—8

（1）从图中摘画出图形符号并说明其功能作用。

（2）图中流程的绘制方向是怎样布置的？

（3）在判定图形符号的每个分支上均注明分支条件“Y”或“N”的目的是什么？